【本草精华系列丛书】

王文全　赵中振　编著

中国中医药出版社
·北　京·

图书在版编目（CIP）数据

百药栽培 / 王文全，赵中振编著 .—北京：中国中医药出版社，2019.6

（本草精华系列丛书）

ISBN 978-7-5132-5028-3

Ⅰ . ①百…　Ⅱ . ①王…　②赵…　Ⅲ . ①药用植物—栽培技术—基本知识　Ⅳ . ① S567

中国版本图书馆 CIP 数据核字（2018）第 121042 号

中国中医药出版社出版

北京市朝阳区北三环东路 28 号易亨大厦 16 层

邮政编码　100013

传真　010-64405750

赵县文教彩印厂印刷

各地新华书店经销

开本 880×1230　1/32　印张 7.25　字数 151 千字

2019 年 6 月第 1 版　2019 年 6 月第 1 次印刷

书号　ISBN 978 – 7 – 5132 – 5028 – 3

定价　49.00 元

网址　www.cptcm.com

社 长 热 线　010-64405720

购 书 热 线　010-89535836

维 权 打 假　010-64405753

微信服务号　zgzyycbs

微商城网址　https://kdt.im/LIdUGr

官 方 微 博　http://e.weibo.com/cptcm

天猫旗舰店网址　https://zgzyycbs.tmall.com

如有印装质量问题请与本社出版部联系（010-64405510）

前　言

随着中药在全球范围内使用量的日趋增加，中药资源问题愈发引起社会的普遍关注。地球上现有的中药资源是否会匮竭？中药一定要野生的吗？中药栽培能成功吗？这一切，也是本书将要解答的问题。

简言之，答案是肯定的：满足中药供应的根本出路在于栽培！

中国是农业大国，农耕文明是中华文明的重要组成部分。神农被奉为中国药学与农学的共同鼻祖。千百年来，我们的先人在生产实践中，积累了丰富的中药栽培经验。从北魏贾思勰的《齐民要术》到明代李时珍的《本草纲目》，都收录有中药种植的宝贵资料。至2002年，《中药材生产质量管理规范》（GAP）由国家食品药品监督管理局颁布实施，这标志着中国中药材生产已经纳入规范化管理的轨道。中药材生产靠天吃饭的时代已逐渐成为过去。

过去几年间，我们的考察小组先后深入祖国的大江南北、高山平原，在药材的分布区与主产地进行实地考察。这是本书所收录的众多第一手资料的主要来源。特别应提及的是，书中更有药用植物栽培学家王文全教授多年在田间"摸爬滚打"的实践心得。

《百药栽培》出版的目的，旨在普及中药栽培的知识，宣传优质药材的概念。中药材的品质取决于其生产过程，只有规范化的生产，才能得到品质稳定、均一、可控的药材。

《百药栽培》的内容，重点在中药栽培，同时也介绍了植物分类、中药资源、道地药材与中药鉴定的相关常识。本书图文并茂，内容翔实，无论对从事中药大规模种植的专业人员，还是对植物栽培的爱好者，在房前屋后或室内盆栽，怡情养生，美化环境，都不失为一本有价值的参考资料。

赵中振

2015 年 6 月

编写说明

1. 本书介绍了 100 种中药的栽培。每个中药名称均与《中国药典》相同，并附有汉语拼音和药材拉丁名。

2. 各药的排列以其用药部位进行分类，根及根茎类、皮类、叶类、花类、果实及种子类、全草类、菌类、其他类等。

3. 各药的内容包括概述、产地与生长习性、栽培要点、采收加工四项内容，有些品种还有附录部分。

4. 本书所有照片为本书摄影作者的作品。

5. 书后有中药拉丁学名索引。

目　录

皮类

叶类

花类

果实及种子类

全草类

总 论

为有源头活水来
——中药栽培

2010年8月，“第9届两岸四地天然药物资源学术研讨会”在广州召开，关于如何保障中药资源的可持续利用，成为会议上的热点话题。与会者对中药资源日益枯竭的现状感到忧心，为大力发展药用植物栽培事业而大声疾呼。“竭泽而渔，岂不获得？而明年无鱼；焚薮而田，岂不获得？而明年无兽”。(《吕氏春秋·义赏》)2000年前古人的忠告，亦为当今的警世通言。

考察组在人参栽培基地合影

国土广袤育众生

中国幅员辽阔，地势高低不同，山脉河流众多，气候复杂多样，这些自然环境造就了中国的动植物资源非常丰富。据1985 ~ 1989年第三次全国中药资源普查统计，中国药用植物总数超过11000种。

中国是农业大国，这片土地蕴育了千姿百态的植物资源。我们的祖先从各种植物中选育出稻、黍、稷、麦、菽等作物，五谷丰登，养育了世世代代的中国人。同时，把更多无法充饥的植物变成了宝贵的药物资源，以百草治病疗伤，拯救了千千万万的生命。可以说，农耕与药事自古密不可分。

神农氏是传说中华夏农耕与药业的共同祖先。“神农尝百草，一日遇七十毒”的动人传说广为人知。3000多年前的《诗经》中记载了不下50种药用植物的名称。1973年长沙马王堆3号汉墓出土的古医书中记载有植物类药169种。

神农氏为中华农耕与药业的共同祖先

古人在从自然界获取药物的过程中，很早便开始为了弥补自然资源的不足及改善品质，将作物的栽培经验应用于药用植物栽培中。一些典籍铭文记录了前人药用植物栽培的宝贵经验。贾思勰的《齐民要术》约成书于北魏末年（公元533 ~ 534年），书中记述了变野生为家种的栀子、红花、吴茱萸等20余种药用植物的栽培方法。隋代太医署专设有“主药”“药园师”等职，负责掌管药用植物的栽培。据《隋书经籍志》记载，当时已有《种植药法》《种神芝》

等药用植物栽培专著。

明代李时珍的《本草纲目》载药1892种，包括植物药1095种。书中将植物分为草部、谷部、菜部、果部、木部5类，内容涉及药名、产地、性味、形态、炮制等内容。书中重点介绍了引种栽培成功的259种常用药用植物，如当归、川芎、附子、黄连、红花、枸杞子、人参、怀牛膝、怀菊花、怀山药、怀地黄、浙贝母、杭麦冬等。

《本草纲目》还介绍了品种选育、栽培技术、施肥规律、病虫害防治、最佳采收期及贮藏防虫等宝贵经验，至今仍然具有重要的参考价值。书中提出的一些未解决难题，亦成为值得深入探讨的学术课题。

竭泽而渔酿祸成

尽管中国有丰富的自然资源，但以占世界不到7%的耕地维系着世界22%人口的生存。随着人口的不断增加，生活需求的不断膨胀，有限的自然资源，实在难堪重负。作为自然资源一部分的药用植物资源，也面临着枯竭的危险。

药用植物资源的利用，传统上以供应中医临床处方饮片为主。现代中成药的生产大大加快了药用植物资源的消费，而且出现了保健食品、中药提取物、化妆品、天然香料、调味剂、中药饲料添加剂、生物源农药一起竞争药用植物资源的局面，中药材价格一路飙升。伴随着中药原料药国际市场的开拓，中药的消费量进一步增大。

改革开放三十多年来，中国走完了资本主义国家200年走过的经济发展之路，也消耗了大量自然资源。保护自然的意识薄弱与商业利益的驱使，使“竭泽而渔”“焚薮而田”成为

贵州剑河钩藤GAP种植基地

令人痛心的现实。其结果便是使很多动植物失去了赖以生存的自然环境，种群衰退，物种灭绝，现被列入中国珍稀濒危保护植物名录的药用植物已达168种。

自然界的平衡一旦被打破，短时间内将难以恢复甚至不可逆转。记得上高中时，一次去林场实习，领班师傅介绍当时中国森林面积只有7%，而一些发达国家超过60%。这两个数字给一直为中国“地大物博”而自豪的我极大的触动。谁知7% 这一小得可怜的数字，现在还在不断下降。在过去30年中，一次次的野外考察，我目睹了森林被毁、草场荒漠化、黄河断流、工业污染等令人触目惊心的现实景象。以前在山野路边常见到的许多药用植物，再去时已不见踪影。

在药材方面，自20世纪70年代末开始，黄芪供不应求，川贝母短缺，石斛濒临灭绝，黄连断档无货，“三木”(杜仲、黄柏、厚朴)基本砍光，甘草储量大幅下滑，人参和三七等植物的野生个体难觅踪迹。药厂的原料药采购困难和临床处方用药短缺等情况时有发生。“巧妇难为无米之炊”，中医“断炊”并非耸人听闻之言。哪个药走红，其原料便短缺。如云南白药系列产品的广告铺天盖地，随之而来的便是名为重楼的原料药供不应求。更不要说那些名声长盛不衰的珍贵药材如冬虫夏草、雪莲花了，在人烟罕至的原产地被采药人地毯式搜索、采挖，濒临灭绝的境地。

天然药物王国中原本无忧无虑生长的一株株小草，一棵棵大树，似乎正在发出无奈的哀鸣。不知哪天会被人类“青睐”，而遭受灭顶之灾。

规范栽培促发展

中药资源越用越少是不争的现实。常识告诉我们，只有将药用植物像农作物一样栽培生产才能提高产量，控制品质，满足工业化生产和医疗的需要。远古时代，地球上的小麦、稻米、玉米同野生的杂草一样，并未脱颖而出。当人们发现了其食用价值之后，经过漫长的选育、栽培过程，使之跃居于当今世界名列前茅的粮食作物。苹果作为水果王国中的佼佼者，其园艺品系不下百余种，野生的、又酸又涩的小苹果自然无人问津。中国具有悠久的药用植物栽培历史，优质的怀地黄、怀山药、怀牛膝、天麻、罗汉果、西洋参都经过引种栽培或选育过程而成为大宗药材。黄芪、铁皮石斛通过栽培推广已缓解了野生资源匮乏的压力，“三木”由野生转向全面种植并走出低谷。银杏也随着近年来的大力推广，即将退出濒危植物的保护名录。相反，一些未能成功饲养或栽培的动植物种，最终或难逃濒临灭绝的厄运。虎骨、犀角人们一定还记忆犹新，补肾壮阳的当家药淫羊藿野生原植物，现正濒于被斩草除根的险境。

内蒙古鄂尔多斯现代化甘草种植基地

众所周知，张骞通西域引进胡麻、葫（大蒜）、安石榴、胡桃；唐代引入莴苣、无漏子（海藻）；宋元年间引入肉豆蔻、胡萝卜、丝瓜；明代引入苦瓜、南瓜、甘薯等。川菜的当家佐料辣椒历史上也并不出自蜀地。中国是当今世界上第一烟草大国，实际上，烟草也是五百年前才在这块土地上落户的。所以，除了大力发展中国固有动植物药品种的栽培饲育外，适当引进国外品种也是一条发展之路。

中药材的栽培生产，要逐步实现现代化、规范化、规模化。

2000年，以周荣汉教授为会长的中药材GAP研究促进会在香港成立，作为创会理事之一，我目睹了过去十几年推广GAP的可喜进展。2002年4月，国家食品药品监督管理局（CFDA）颁布的《中药材生产品质管制规范（试行）（GAP）》，其目的就是从药用植物栽培过程开始，规范中药材生产的各个环节，控制影响中药材生产品质的各种因素，以保证中药材“安全、优质、稳定、可控”。2003年世界卫生组织发布了《药用植物种植和采集的生产品质管制规范（GACP）指南》[Guidelines on Good Agricultural and Collection Practices (GACP) for Medicinal Plants]。其宗旨是为了使各国政府确保草药产品的优质、安全、可持续利用，且对人体和环境没有威胁。2004年，欧盟、韩国、日本等国家和地区也相继制定、颁布了各自的GAP。截至2013年1月，中国已经有114个药用动植物种植、培育基地通过了GAP的认证，涉及61种药用动植物。但是，目前市场应用的中药品种源自栽培的仅占四份之一，在短期内，GAP还不能推广到所有的药材品种，野生与家种需因药制宜、因地制宜。

药界呼唤袁隆平

中国虽为农业大国，但农业水准长期以来处于落后状态。农业现代化的程度与人们对农业的重视程度还远远不够。药用植物栽培学是农学与药学的交叉科学，研究方式有着实验室与田野工作相结合的特殊性，田野工作更需吃苦耐劳，且往往需历时数年才能见成绩。目前，全国中医药院校和科研机构中从事药用植物栽培研究的专家很少，投入药用植物栽培工作的农业技术人员亟需中药基础知识的培训。因此，中国现在药用植物栽培研究及技术与规模都不尽如人意，有着巨大的发展潜力与空间。

我曾经对中日药用植物栽培情况进行过比较，日本每个国立综合性大学必有两个学院，一个是医学院，另一个是农学院，有很多毕业于农学专业的学生投身到药用植物栽培行业中。日本汉方药与中国中成药的生产规模不可相提并论，其药用植物资源更为有限，但日本的药用植物栽培技术相当先进，说起来将是另一个值得好好谈谈的话题。

在中国内地生活的50岁以上的人，大多还记得通过领袖之声发布的“农业八字宪法”——“土、肥、水、种、密、保、管、工”。

“文革”后期，我高中毕业后曾下放到北京市良种繁殖场务农，在那里度过了整整两年时间。从抢三夏到三秋，“脱皮掉肉学大寨”，在庄稼地里摸爬滚打，使我有了盘中之餐粒粒皆辛苦的真切感受；同时，也学到了一些作物栽培知识。

虽然那时我们被冠以“知识青年”的称号，但实际上社会知识与专业知识都十分欠缺。我种过的农作物有小麦、玉米、高粱、棉花、水稻等。在农场职工的指导下，我曾在三伏天炎炎烈日下为玉米传粉，人生第一次接触到“作物品种”这个专业术语，明白了培育一个新品种往往需要几代人的辛劳。良种场对我来说，是走上社会的第一大课堂，对于那块土地上的人和物留下了永恒的记忆与思念。2010年我回到了阔别32年的故地，望着一片片绿油油的新品种玉米试验田倍感亲切。遗憾的是，当年教给我栽培知识的老前辈有的已经离开人世。听说这里马上就要变成高楼林立的开发区。我触景生情，感慨万千，心底里希望北京良种场的历史不会被忘却，培育良种的重任有人承担。

正是因为有了这段经历，对关乎农事成效的这八个方面，我以为最深奥、最难操作、最花时间的是育种问题。种质对提高作物和药用植物栽培品种的产量与品质作用巨大。如浙江中药研究所等单位选育成功的薯蓣新品种，每公顷产量达到22500千克，是野生品种的三倍，有效成分薯蓣皂苷含量达到2.48%，比野生品种足足提高了70%。

2010年夏天，我与北京中医药大学的王文全教授一同进行野外考察。王教授与甘草打交道，二十几年如一日，在中药学术界有“甘草王”之称。在内蒙古鄂尔多斯高原考察时，他向我介绍内蒙古道地药材“梁外甘草”，其色枣红，有光泽，皮细，体重，质坚实，粉性足，断面光滑而味甜。而有些非道地产品，色棕褐，无光泽，皮粗糙，木质纤维多，质地坚硬，粉性差，味先甜而后苦。在漫漫的甘草田中，哪颗苗最壮、最有培植前途，他一望即知。过去这些年，王教授跑遍了中国甘草生长的地方，连土带苗将不同地域的百余个特异甘草种质资源迁移到鄂尔多斯高原保存，白手起家，建立了国家甘草种质资源保存量最多的苗圃和栽培试验基地。

这里我不禁想起了中国的“杂交水稻之父”袁隆平，正是他培育出了结实率高和千粒重高的优质稻谷品种，为解决十几亿中国人吃饭的难题立下了丰功。有人计算过，袁教授及其研究团队为中国增加的粮食，相当于两亿农民干的活。这项技术已经在南亚及非洲等地得到推广，在巴基斯坦、印度尼西亚、埃及等国家，杂交稻发展得非常成功，产量一般有五六吨，最高的达到每公顷9吨以上，而当地的品种每公顷产量只有1.5 ~ 2吨。我想，中药界需要更多袁隆平式的科学家，使更多的药用植物栽培获得成功，使更多的种质资源得到保护。我相信，在GAP规范下的药用植物栽培是中药现代化的重要组成部分，也是一项新兴产业，其发展必然带来巨大的社会效益和经济效益。

“问渠那得清如许，为有源头活水来。”要保障中药资源的可持续利用，必须尊重自然、顺应自然、保护自然，避免竭泽而渔。为此，要大力发展药用植物、特别是珍稀中药品种资源的栽培事业，改变“靠天吃药”的状态，让中医药能够长长久久地荫护人类子孙后代的健康。

野生甘草原来可以长到如此之大

各论

◎根及根茎类
◎皮类
◎叶类
◎花类
◎果实及种子类
◎全草类
◎菌类
◎其他

人参 *Panax ginseng* C. A. Mey

人参

Renshen

拉丁文名：Ginseng Radix et Rhizoma

概　述

五加科(Araliaceae)植物人参*Panax ginseng* C. A. Mey. 的干燥根及根茎，野生者为“山参”，栽培的又称“园参”，播种在山林野生状态下自然生长的又称“林下参”，习称“籽海”，以山参为最优。味微苦、甘，微温。具大补元气，复脉固脱之功效。

产地与生长习性

多年生草本植物。分布于中国东北、朝鲜北部，韩国中部，日本中部、北部及俄罗斯远东地区。以栽培为主，主产于吉林、辽宁、黑龙江等地。野生于针阔叶混交林或阔叶杂木林下。喜凉爽、湿润气候；忌强光直射、抗寒力强。

栽培要点

选地

人参栽培宜选用肥沃、疏松、结构性强、排水良好的微酸性土壤，森林腐殖质土最为适宜；林下参培育宜选阔叶树混交林或针阔混交林。

种植

种子繁殖。常采用直播种植或育苗移栽。春季、夏季和秋季均可播种。育苗移栽为常用的栽培模式。

田间管理

人参为阴生植物，搭建适度遮光、保湿的遮荫棚是栽培人参重要的管护措施。

病虫害

主要病害有立枯病、锈腐病、根腐病、猝倒病、炭疽病、褐斑病等，虫害有金针虫、蝼蛄、蛴螬、地老虎和鼠害等。

采收加工

园参一般生长6 ~ 9年采收，林下参通常12 ~ 15年或15年以上采收。多于秋季采挖。“生晒参”是鲜参经洗净、晒干或烘干加工制成；而鲜参经清洗、蒸制、晾晒或烘干则可加工成“红参”。

附注

《中国药典》亦收载人参的干燥叶药用，中药名：人参叶。

另有高丽参，为产自朝鲜或韩国的五加科植物人参 *Panax ginseng* C. A. Mey. 的干燥根及根茎经蒸制、增色而成，其来源、炮制方法和作用均与国产红参基本一致。

药材：人参
Ginseng Radix et Rhizoma

人参栽培基地

三七 *Panax notoginseng* (Burk) F. H. Chen

三七

Sanqi

拉丁文名：Notoginseng Radix et Rhizoma

概 述

五加科 (Araliaceae) 植物三七 *Panax notoginseng* (Burk) F. H. Chen 的干燥根及根茎。味甘、微苦，温。具散瘀止血，消肿定痛之功效。

产地与生长习性

多年生宿根草本。主要分布于云南、广西等地。以栽培为主，主产于广西。三七为阴生植物，喜温暖、稍阴湿环境。

栽培要点

选地

三七栽培宜选用排、灌条件良好，疏松且富含有机质的中性至微酸性砂质壤土，腐殖质土最为适宜；忌连作。

种植

种子繁殖。常采用直播种植或育苗移栽。一般于11～12月采集3～4年生健壮植株成熟果实，取种子。采种后随即播种。

田间管理

搭建遮荫棚，根据需要调节光照强度；对不作留种者需及时摘除花蕾。

病虫害

虫害主要有红蜘蛛等。

采收加工

生长3年以上采收，现蕾期剪去花苔，秋季(立秋前后)采收者，称为“春七”，品质较好；结种后于12月至翌春1月采收者称为“冬七”，品质较差。剪除茎杆，整株挖出，洗净，分开主根、支根及根茎，干燥。支根习称“筋条”，根茎习称“剪口”。

药材：三七
Notoginseng Radix et Rhizoma

三七栽培基地

川贝母 *Fritillaria cirrhosa* D. Don

川贝母

Chuanbeimu

拉丁文名：Fritillariae Cirrhosae Bulbus

概　述

百合科 (Liliaceae) 植物川贝母 *Fritillaria cirrhosa* D. Don 的干燥鳞茎。味苦、甘，微寒。具清热润肺，化痰止咳，散结消痈之功效。

产地与生长习性

多年生宿根草本植物。分布于四川西部及西南部、云南西北部、西藏南部及东部。以栽培为主，主产于四川、西藏、云南等地。喜凉爽温和气候，具有耐寒、喜湿、怕高温、喜荫蔽的特性。

栽培要点

选地

宜选择背风的阴坡或半阴坡，以土层深厚、排水良好、土质疏松、富含腐殖质的壤土或轻壤土最为适宜。

种植

采用种子繁殖或地下鳞茎繁殖。于9 ~ 10月，采用条播、撒播或蒴果分瓣点播；或于7 ~ 8月，地上部分倒苗后挖出鳞茎栽种。

田间管理

播种地，春季出苗前揭去畦面覆盖物，并搭棚遮荫，随年限增加遮荫度逐年降低。秋季倒苗后，需覆盖畦面，保护越冬。

病虫害

主要病害有锈病、立枯病、根腐病等，虫害有金针虫、蛴螬、地老虎等。

采收加工

种子繁殖第3年或第4年，鳞茎繁殖第2年采收。夏、秋季节地上苗枯萎时采挖，除去须根、粗皮及泥沙，晒干或低温干燥。挖出后要及时摊晒，切忌堆沤，如遇雨天，可于40 ～ 50℃烘干。

附注

《中国药典》同时收载同属植物暗紫贝母*F. unibracteata* Hsiao et K. C. Hsia、甘肃贝母*F. przewalskii* Maxim.、梭砂贝母*F. delavayi* Franch.、太白贝母*F. taipaiensis* P. Y. Li、瓦布贝母*F. unibracteata* Hsiao et K. C. Hsia var. *wabuensis* (S. Y. Tang et S. C. Yue) Z. D. Liu，S. Wang et S. C. Chen的干燥鳞茎，也作为“川贝母”药用。

药材：川贝母
Fritillariae Cirrhosae Bulbus

川贝母生长环境

川芎苓子

川芎

ChuanXiong

拉丁文名：Chuanxiong Rhizoma

概　述

伞形科(Apiaceae)植物川芎 *Ligusticum chuanxiong* Hort. 的干燥根茎。味辛，性温。具活血行气，祛风止痛之功效。

产地与生长习性

多年生草本。川芎无野生种，入药均系栽培品，主产于四川。陕西、云南等地有少量引种栽培。喜温暖、湿润气候，喜阳怕荫蔽。

栽培要点

川芎栽培比较特殊，以地上茎的节盘进行无性繁殖(称为苓子)。苓种繁育需选择海拔较高的山区，而药材栽培在海拔较低的坝区，所以其种植方法分为山区苓种繁育和坝区药材栽培。

选地

苓种繁育地宜选在高海拔山区的阳坡或半阳坡，以排水良好、疏松肥沃的壤土或砂质壤土最为适宜。药材栽培宜选择土层深厚、疏松肥沃、排水良好、有机质丰富、中性或微酸性的砂质壤土，忌连作。

种植

苓子繁育是将平地栽培的川芎根茎掘起后，运往高山区繁殖，7月下旬当茎节盘显著突出略带紫褐色时收割，运至坝区种植。川芎播种包括直播和育苗移栽，直播应注意芽口朝上轻按入土中。

田间管理

育苓地应及时进行除草、疏苗、松土、施肥。川芎药材栽培地，需及时中耕、除草、施肥。注意防旱、防涝、防倒伏。

病虫害

主要病害有根腐病、白粉病、叶枯病等，虫害有川芎茎节蛾、种蝇、地老虎等。

采收加工

小满至芒种季节收获。挖起全株，除去茎叶、泥土，干燥。传统加工采用火炕干燥，焙烤2 ~ 3天散发出浓香气味时，放入竹筐内抖撞，除净泥沙和须根。

药材：川芎
Chuanxiong Rhizoma

川芎栽培基地

薯蓣 *Dioscorea opposita* Thunb

山药

Shanyao

拉丁文名：Dioscoreae Rhizoma

概　述

薯蓣科 (Dioscoreaceae) 植物薯蓣 *Dioscorea opposita* Thunb. 的干燥根茎。味甘，性平。具补脾养胃，生津益肺，补肾涩精之功效。

产地与生长习性

多年生缠绕草本。除内蒙古草原、西北荒漠、青藏高原和广东海南等热带地区外，中国大部分地区均有自然分布。野生于山坡、山谷林下，溪旁、路边的灌丛或杂草中。喜阳光充足、温暖气候，喜肥怕涝。药材以栽培为主，主产于河南、山西、河北、陕西等地。

栽培要点

选地

地势平坦、土层深厚、土质疏松肥沃、透气性强、排水良好的砂质壤土最为适宜，忌连作。

种植

多采用根茎或珠芽繁殖。山药为雌雄异株植物，种子不易发芽，其珠芽(零余子)及地下块茎栽种易于成活。生产上常以块茎作繁殖材料进行栽培，称为种栽。通常选择零余子或山药段进行种栽。选择生长健壮、粗细适度、无病虫害、芽眼健全的种栽种植。

田间管理

适时、适量浇水、施肥，及时中耕除草。雨季注意排水防涝。

病虫害

主要病害有炭疽病、褐斑病、白锈病等，主要虫害有蛴螬、地老虎、黑肉虫等。

采收加工

10 ~ 12月底为最佳采收期。茎叶枯萎后采挖，切去根头，洗净，除去外皮和须根，干燥，即为“毛山药”；或选择肥大顺直的毛山药，置清水中，浸至无干心，闷透，切齐两端，用木板搓成圆柱状，晒干，打光，习称“光山药”。

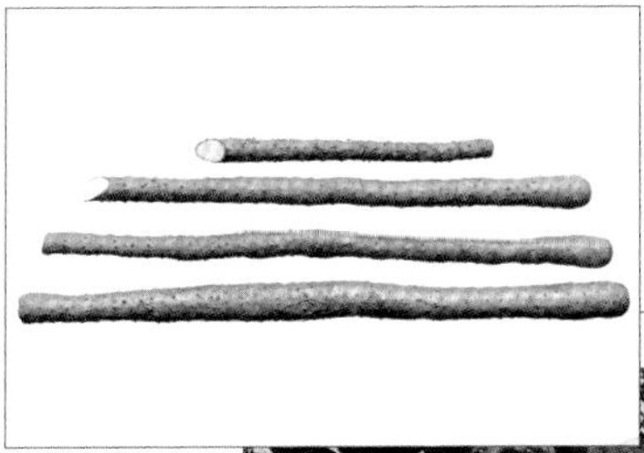

药材：山药
Dioscoreae Rhizoma

薯蓣栽培基地

掌叶大黄 *Rheum palmatum* L.

大黄

Dahuang

拉丁文名：Rhei Radix et Rhizoma

概　述

蓼科(Polygonaceae)植物掌叶大黄 *Rheum palmatum* L. 的干燥根和根茎。味苦，性寒。具泻下攻积，清热泻火，凉血解毒，逐瘀通经，利湿退黄之功效。

产地与生长习性

多年生草本。主要分布于青海、四川、陕西、甘肃、云南、西藏、宁夏、贵州、湖北等省。野生多分布于气候寒冷山区。大黄喜凉爽湿润环境，耐寒，怕高温。药材以栽培为主，主产于青海、甘肃、四川、陕西等地。

栽培要点

选地

大黄栽培宜选地下水位较低，排水良好，土层深厚，富含腐殖质的壤土或砂质壤土地。忌连作。

种植

种子繁殖或子芽繁殖(用母株根茎上的子芽进行繁殖)。种子繁殖常采用直播种植或育苗移栽；子芽繁殖是在收获大黄时，把根茎侧面萌生的较大子芽切下用作繁殖材料，直接栽种于大田。

田间管理

适时适量施肥、灌溉，及时除草松土。大黄生长3年开始抽薹开花，除留种者外应剪除花薹。

病虫害

病害有根腐病、叶斑病等，虫害有蚜虫、甘蓝夜蛾、金花虫、蛴螬等。

采收加工

生长3～4年，秋末茎叶枯萎或次春发芽前采挖。除去细根，刮去外皮，切瓣或段，阴干或直接烘干。阴干切忌雨淋。烘干需先烘至切口处的油状物消失，再升温烘至药材含水量标准。

附注

《中国药典》同时收载同属植物唐古特大黄 *R. tanguticum* Maxim. ex Balf.、药用大黄 *R. officinale* Baill. 的干燥根和根茎，作“大黄”药用。

药材：大黄
Rhei Radix et Rhizoma

掌叶大黄栽培基地

孩儿参 *Pseudostellaria heterophylla* (Miq.) Pax ex Pax et Hoffm.

太子参

Taizishen

拉丁文名：Pseudostellariae Radix

概　述

石竹科 (Caryophyllaceae) 植物孩儿参 *Pseudostellaria heterophylla* (Miq.) Pax ex Pax et Hoffm. 的干燥块根。味甘、微苦，性平。具益气健脾，生津润肺之功效。

产地与生长习性

多年生草本。主要分布于江苏、安徽、浙江、山东、河南、湖南、湖北、陕西等地。药材生产以栽培为主，主产于江苏、安徽、浙江、福建、山东等地，贵州有引种栽培。野生于阴湿山坡的岩石缝隙和枯枝落叶层中。喜湿润怕涝，怕强光，耐寒。

栽培要点

选地

宜选地势平缓，无积水，土质疏松肥沃，富含腐殖质的砂质壤土或壤土，向阳的丘陵坡地或缓坡地较佳。忌连作。

种植

通常用块根繁殖，也可用种子繁殖或扦插繁殖。选芽头完整、无伤、无病虫害的健壮块根作种块，9月下旬至10月上旬栽种。种子成熟时蒴果开裂，种子自然脱落。因种子成熟期不一致，不易采收。或地上部分生长旺盛时，剪取具2 ~ 3个节间，插入地里。

田间管理

适时适量施肥，雨后排出地面积水，干旱少雨季节灌溉，及时松土除草。早春出苗后适量培土有利块根生长。

病虫害

病害有根腐病、叶斑病、花叶病毒等，虫害有蛴螬、地老虎、蝼蛄、金针虫等。

采收加工

夏季茎叶大部分枯萎时采挖。除去茎叶，挖出块根，保持参体完整。洗净，除去须根，置沸水中略烫后晒干或直接晒干。

药材：太子参
Pseudostellariae Radix

太子参栽培基地

天冬 *Asparagus cochinchinensis* (Lour.) Merr.

天冬

Tiandong

拉丁文名：Asparagi Radix

概　述

百合科 (Liliaceae) 植物天门冬 *Asparagus cochinchinensis* (Lour.) Merr. 的干燥块根。味甘、苦，性寒。具养阴润燥，清肺生津之功效。

产地与生长习性

多年生半蔓生攀援草本。自然分布于贵州、四川、云南、广东等地区。野生天门冬多生长于山坡、丘陵地带的疏林和灌木丛中。喜温暖湿润气候，不耐严寒和高温，耐荫蔽，怕强光。

栽培要点

选地

土层深厚、疏松肥沃、富含腐殖质，湿润且排水良好的壤土或沙壤土地最为适宜，栽培地宜选在稀疏的混交林或阔叶林下。育苗地应选具有一定天然或人工荫蔽的田地。

种植

种子繁殖或分根繁殖。种子繁殖：天门冬为雌雄异株植物，播种期分为春播和秋播，出苗后进行移栽种植。分根繁殖：春季植株未萌芽前，将根系掘出，分割成小簇，每簇有芽2 ~ 3个，种植于穴中；亦可于秋冬季采收天冬时，将带有许多幼芽和小块根的根头部，分割成小簇，每簇有芽头2 ~ 3个作繁殖材料，进行穴栽。

田间管理

及时中耕除草，适量施肥，雨季注意排水防涝，天旱及时浇水；适时搭架及牵引藤蔓，同时应注意适当遮荫。

病虫害

主要病害有黑斑病、立枯病、根腐病、白粉病等，虫害有蚜虫、蛞蝓、地老虎等。

采收加工

一般3 ~ 4年收获，秋、冬两季采挖，割除茎蔓，挖开根周土壤，取下块根，除去茎基和须根，洗净，置沸水中煮或蒸至透心，趁热除去外皮，用清水漂洗外层黏胶质，干燥。

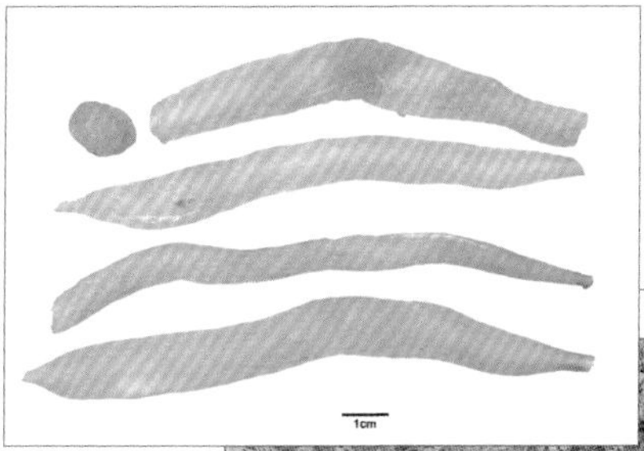

药材：天冬
Asparagi Radix

天冬栽培基地

丹参 *Salvia miltiorrhiza* Bge

丹参

Danshen

拉丁文名：Salviae Miltiorrhizae Radix et Rhizoma

概　述

唇形科(Lamiaceae)植物丹参 *Salvia miltiorrhiza* Bge.的干燥根和根茎。味苦，性微寒。具活血祛瘀，通经止痛，清心除烦，凉血消痈之功效。

产地与生长习性

多年生草本。自然分布于河北、北京、山西、山东、湖北、湖南、辽宁、江苏、江西、云南、贵州、甘肃、陕西等省。药材以栽培为主，主产于山东、河南、陕西、四川等地。喜光照充足，空气湿润，温和气候。

栽培要点

选地

宜选择土层深厚，土质疏松，排水良好，中性至微碱性的沙壤土或轻壤土；忌连作。

种植

种子繁殖、分根繁殖或扦插繁殖。生产中最常用的繁殖方法有两种，播种育苗再移栽；或选择色泽鲜红、无病害的健壮根条作种根，切成根段直接栽种进行分根繁殖。

田间管理

及时除草是丹参田间管理的最主要措施，及时中耕除草适时追肥，雨季注意排水防涝。除留种植株外，应及时剪除花蕾促进根系生长。

病虫害

主要病害有叶斑病、根腐病等，主要虫害有蚜虫、根结线虫、银纹夜蛾、蛴螬等。

采收加工

栽种当年秋季或次年春季均可采收。秋季于10月下旬至封冻前，春季于解冻后至萌芽前采挖。挖出根系，除去泥沙，干燥。生产上有晒干、阴干和晒至七八成干后发汗再晒干三种干燥方式。经过发汗的丹参木心部变黑。

药材：丹参
Salviae Miltiorrhizae
Radix et Rhizoma

丹参栽培基地

木香花序

木香

Muxiang

拉丁文名：Aucklandiae Radix

概 述

菊科 (Asteraceae) 植物木香 *Aucklandia lappa* Decne. 的干燥根。味辛、苦，性温。具芳香健脾，行气止痛，健脾消食之功效。

产地与生长习性

多年生草本。主产于云南、广西等地。木香多栽培于海拔2700 ~ 3500米的高寒山区。栽培基地主要在云南西北部，四川、湖北、湖南、贵州、山西、甘肃也有栽培。喜冷凉、湿润的气候，耐寒。

栽培要点

选地

宜选择缓坡地或山间平地，土壤为排水、保水性能良好，土层深厚肥沃的砂质壤土。

种植

多采用种子繁殖，直播种植。春季或秋季种子直播种植，春季需用温水浸种阴至半干后再播种；秋播种子无需处理。

田间管理

为提高药材产量和品质，第一二年秋天需向根部培土，厚度10厘米左右。第二年秋季结合培土，去除基部4 ~ 5

片老叶，第二年有些植株开花结实，应在刚抽薹时割掉。第三年，除留种株外，也应割除花薹。

病虫害

主要病害有根腐病等，虫害主要有蚜虫、介壳虫等。

采收加工

一般播种3年后采收，10月份茎叶枯黄后采挖，除去泥沙和须根，切段，粗大者需再纵剖成瓣，干燥后撞去粗皮。加工时禁用水洗，晾晒时注意防霜冻。

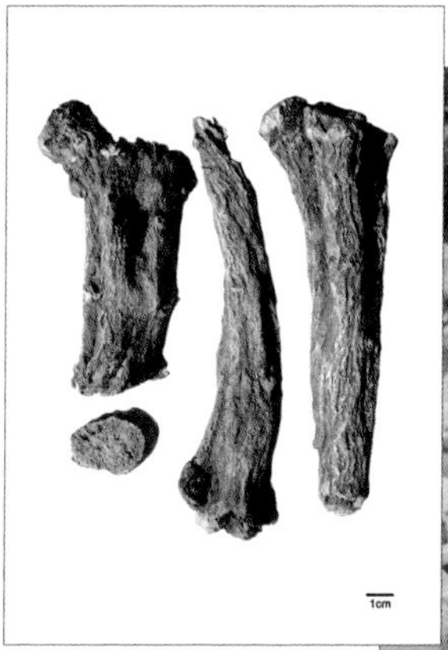

药材：木香
Aucklandiae Radix

木香栽培基地

天麻 *Gastrodia elata* Bl.

天麻

Tianma

拉丁文名：Gastrodiae Rhizoma

概　述

兰科 (Orchidaceae) 植物天麻 *Gastrodia elata* Bl. 的干燥块茎。味甘，性平。具息风止痉，平抑肝阳，祛风通络之功效。

产地与生长习性

多年生寄生草本。分布于陕西、四川、贵州、云南、湖北等地。野生于中高山区的林下阴湿地带。药材以栽培为主，主产于陕西、四川、贵州、云南、湖北等地。喜荫蔽、凉爽、湿润气候。

栽培要点

选地

宜选富含有机质、质地疏松、排水良好、保水力强的山间疏林或林间空地，土壤以砂质壤土及腐殖质土为好。

种植

块茎繁殖或种子繁殖。天麻与真菌共生为主要营养来源，蜜环菌材为种植天麻的必备材料。块茎繁殖：用天麻小块茎作种麻，一般以10根菌材为一窝（坑），种麻靠近菌材摆放，先用细土再用落叶稻草等物覆盖；种子繁殖：天麻开花结果后收获果实，干燥播种，种子必须靠萌发菌获得营养而萌发。

田间管理

天麻栽培后，生育期不进行中耕、施肥、除草。冬季要防止冻害，雨季注意排水，天旱时适当浇水。

病虫害

病害有霉菌病、腐烂病、锈腐病等，虫害有天牛、蝼蛄、介壳虫、白蚁等。

采收加工

冬栽第二年冬或第三年春采收，春栽当年冬或第二年春采收。先去掉表土取走菌材，根据大小分为商品麻、种麻和麻米。种麻作种，麻米继续培育，商品麻加工药用。商品麻采收后洗去泥土，搓去块茎上的鳞片、粗皮，再洗净。按大、中、小分级，蒸透至无白心，晒干或烘干。

药材：天麻
Gastrodiae Rhizoma

天麻栽培基地

巴戟天 *Morinda officinalis* How

巴戟天

Bajitian

拉丁文名：Morindae Officinalis Radix

概　述

茜草科(Rubiaceae)植物巴戟天 *Morinda officinalis* How的干燥根。味甘、辛，性微温。具补肾阳，强筋骨，祛风湿之功效。

产地与生长习性

多年生缠绕或攀援藤本。主要分布于广东、广西、福建。药材以栽培为主，主产于广东、广西、福建等省。生长于气候温和、雨量充沛的南亚热带和北热带地区。喜温暖、湿润气候。

栽培要点

选地

宜选择低山丘陵区、缓坡中下部，或疏林、灌木林下；土壤以深厚疏松、排水良好、富含腐殖质的沙质壤土或轻壤土为适宜。忌连作。

种植

常采用扦插育苗移栽种植，也可用种子育苗繁殖。扦插育苗：选无病虫害2 ~ 3年生粗壮藤条，截成长10 ~ 15厘米，具1 ~ 3个节的插条，剪口处沾黄泥浆扦插；果实由黄转红时采收，去皮阴干后即行播种，育苗1年即可移植。

田间管理

种植1 ~ 2年内，需适度遮荫，3年后需充足光照。移栽生长2 ~ 3年后，适当修剪藤蔓，或搭支架使其缠绕。及时除草、追肥、灌溉、排水。

病虫害

主要病害有茎基腐病、巴戟天根结线虫病、紫纹羽病、煤烟病等，主要虫害有蛴螬、介壳虫、粉虱、蚜虫、红蜘蛛等。

采收加工

种植3 ~ 5年即可采收，生长5年以上产量更高品质更好，一般在秋冬季挖取，洗净，除去须根，晒至六七成干，轻轻捶扁，切成8 ~ 10厘米长的小段，再干燥。

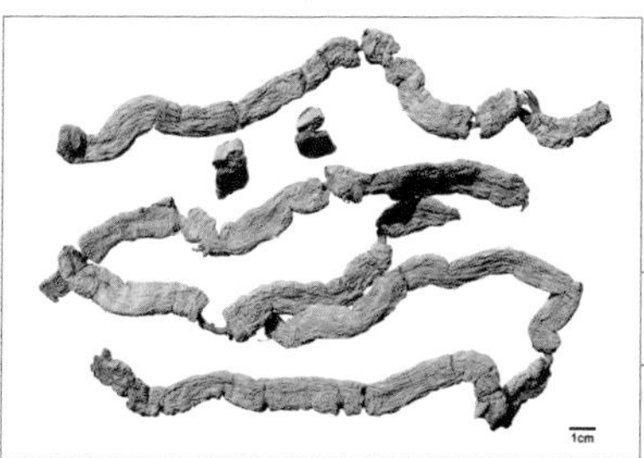

药材：巴戟天
Morindae Officinalis Radix

巴戟天栽培基地

牛膝 *Achyranthes bidentata* Bl.

牛膝

Niuxi

拉丁文名：Achyranthis Bidentatae Radix

概　述

苋科 (Amaranthaceae) 植物牛膝 *Achyranthes bidentata* Bl. 的干燥根。味苦、甘、酸，性平。具逐瘀通经，补肝肾，强筋骨，利尿通淋，引血下行之功效。

产地与生长习性

多年生草本。主要分布于河南、山西、河北、山东、江苏等省。药材以栽培为主，主产于河南、河北、山西、山东等地。野生于山野路旁，家种多栽培于平原地区，喜光照充足、温和、湿润气候。

栽培要点

选地

宜选土层深厚、土质肥沃、富腐殖质、排水良好的砂质壤土，不宜选洼地或盐碱地种植。牛膝根系入土较深，通常栽培前要深耕50 ~ 70厘米整地。

种植

种子繁殖。种子培育：秋季采收药材时，选主根粗壮，上下均匀侧根少无病虫害的植株，从茎基处上部留种作种栽。将种栽储存过冬，翌春土壤解冻后穴栽，立秋后收获种子(秋子)。播种期为5 ~ 7月，种子拌入适量细土，条播或撒播。

田间管理

及时间苗、定苗、松土除草；适时追肥、灌溉、排水。株高生长到40厘米以上，若长势过旺可适当打顶控制株高。不需要结种时，长出花序可剪除顶部花穗。

病虫害

主要病害有叶斑病、根腐病等，虫害有银纹夜蛾、红蜘蛛等。

采收加工

种植当年10月底到11月初地上部位枯萎后采挖，除去须根和泥沙，捆成小把，晒至干皱后，将顶端切齐，晒干。

附注

《中国药典》同时收载同科植物川牛膝 *Cyathula officinalis* Kuan 的干燥根，作为“川牛膝”药用。

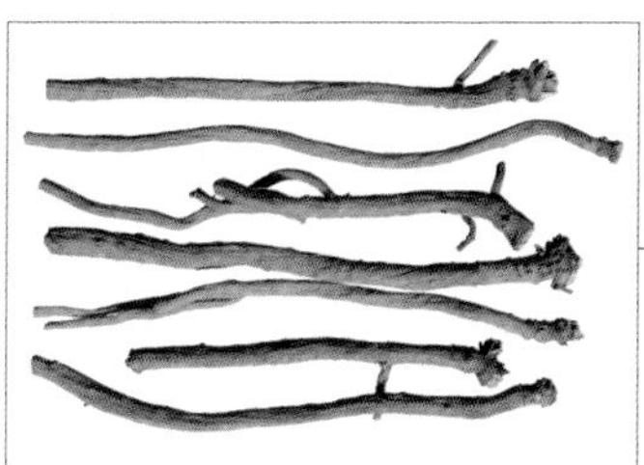

药材：牛膝
Achyranthis Bidentatae Radix

牛膝栽培基地

平贝母 *Fritillaria ussuriensis* Maxim.

平贝母

Pingbeimu

拉丁文名：Fritillariae Ussuriensis Bulbus

概　述

百合科(Liliaceae)植物平贝母*Fritillaria ussuriensis* Maxim.的干燥鳞茎。味苦、甘，性微寒。具清热润肺、化痰止咳之功效。

产地与生长习性

多年生草本。主要分布于黑龙江、吉林、辽宁等省。药材以栽培为主，主产于东北地区。野生于长白山脉和小兴安岭南部山区，喜冷凉、湿润气候，抗逆性强，具有耐低温，怕高温干旱的特性。

栽培要点

选地

宜选背风向阳、土壤肥沃、质地疏松、水分充足、排水良好的腐殖土或黑油砂土。

种植

可用鳞茎和种子繁殖，生产上一般采用鳞茎繁殖。6月上中旬地上植株枯萎时，挖取鳞茎，选直径1.5厘米以上者加工药用，以下者留作种栽，随采随种，采用条播、撒播或点播。或于6月上旬种子成熟后，采收种子稍晾干即可播种。

田间管理

及时松土、浇水灌溉，雨季注意排水防涝；不留种植株，及时摘除花蕾。植株枯萎后适度遮荫利于鳞茎生长。入冬前，可在地面覆盖有机肥等保护越冬，可用玉米秆等设障防风。

病虫害

主要病害有锈病、黑腐病、灰霉病等，虫害有蛴螬、金针虫、蝼蛄等。

采收加工

6月中上旬采收。以大、中鳞茎作种栽，一般生长1～2年采收；小鳞茎作种栽，一般生长3～4年采收。种子繁殖，约需生长5～6年才能采收生产药材。挖出地下鳞茎，对符合药材标准的较大鳞茎，洗净泥沙，除去外皮、须根及杂物，按鳞茎大小分级，晒干或低温干燥。

药材：平贝母
Fritillariae Ussuriensis Bulbus

平贝母生长环境

白术 *Atractylodes macrocephala* Koidz.

白术

Baizhu

拉丁文名：Atractylodis Macrocephalae Rhizoma

概 述

菊科 (Asteraceae) 植物白术 *Atractylodes macrocephala* Koidz. 的干燥根茎。味苦、甘，温。具健脾益气，燥湿利水，止汗，安胎之功效。

产地与生长习性

多年生草本。主要分布于浙江、湖南、江西、四川、安徽、福建、江苏、广东、湖北等省。药材以栽培为主，主产于浙江、湖南、江西、四川、安徽、福建等地。野生于山坡、林地及灌木丛中。喜凉爽气候，怕高温多湿。

栽培要点

选地

宜选排水良好、土质疏松、肥力中等的微酸性沙质壤土地。忌连作，轮作间隔期一般需5年以上。

种植

可用种子或根茎繁殖，生产上主要采用播种育苗移栽法。种子易萌发，发芽适宜温度20℃左右。3月下旬至4月上旬，选择籽粒饱满、无病虫害的新种，用30℃温水浸种催芽，播种；10月下旬至11月上旬，叶色变黄时，开始起苗移栽。开沟栽种，将苗放入沟内，牙尖朝上。

田间管理

及时除草松土，浇水灌溉，雨季注意防涝。适时适量追肥，6月中下旬植株开始现蕾，应分批将蕾摘除，促进根茎生长，提高药材产量和品质。

病虫害

病害主要有立枯病、根腐病、叶枯病、白绢病、锈病等，虫害主要有蚜虫、地老虎、蛴螬、根结线虫等。

采收加工

移栽当年，10月下旬至11月中旬，茎叶开始枯萎时为适宜采收期。挖出根茎，剪去茎秆，除去泥沙，烘干或晒干，再除去须根。

药材：白术
Atractylodis Macrocephalae Rhizoma

白术栽培基地

白芍 *Paeonia lactiflora* Pall.

白芍

Baishao

拉丁文名：Paeoniae Radix Alba

概　述

毛茛科(Ranunculaceae)植物芍药 *Paeonia lactiflora* Pall. 的干燥根。味苦、酸，微寒。具养血调经，敛阴止汗，柔肝止痛，平抑肝阳之功效。

产地与生长习性

多年生草本。野生分布于黑龙江、吉林、辽宁、河北、河南、山东、山西、陕西等省。药材以栽培为主，主产于安徽、四川、浙江、山东、河南等地。多生长于草原、疏林、灌丛或湿润的荒坡草地，喜夏季湿润凉爽气候，耐寒、耐旱、怕涝。

栽培要点

选地

宜选排水良好、通风向阳、土层深厚、肥沃的壤土或沙壤土。土壤黏重和低洼积水的地方易烂根。

种植

常采用分根繁殖，也可种子繁殖。分根繁殖：采收药材时，留取带有小段根系并具有休眠芽的根茎作为繁殖材料，俗称“芽头”。依休眠芽的分布状况，将根茎切分成数块作为种栽。种子繁殖：种子成熟后及时采收，适时播种。

田间管理

及时除草、松土、施肥。芍药耐旱怕涝，严重干旱时应灌溉，雨季注意排水。若不生产种子，春季现蕾时及时将花蕾摘除。为培育粗壮根条，提高药材品质，秋季可进行根系修剪。

病虫害

主要病害有叶斑病、锈病、灰霉病、软腐病等，主要虫害有蛴螬、小地老虎等。

采收加工

根茎繁殖，一般栽培3 ~ 5年采收。夏、秋季节均可采挖，采挖时间因地区而异。挖出根系，洗净泥土，除去根茎和须根，按粗细分档置沸水中煮烫至皮白无生心(5 ~ 15分钟)，然后除去外皮晒干，或先去皮再煮而后晒干。

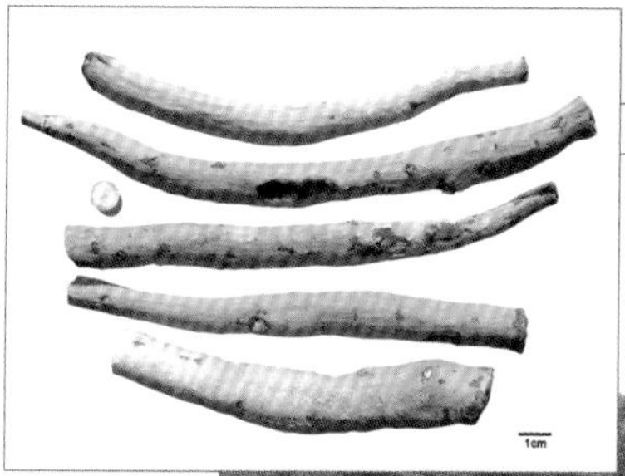

药材：白芍
Paeoniae Radix Alba

白芍栽培基地

玉竹 *Polygonatum odoratum* (Mill.) Druce

玉竹

Yuzhu

拉丁文名：Polygonati Odorati Rhizoma

概　述

百合科 (Liliaceae) 植物玉竹 *Polygonatum odoratum* (Mill.) Druce 的干燥根茎。味甘，性微寒。具养阴润燥，生津止渴之功效。

产地与生长习性

多年生草本。主要分布于吉林、内蒙古、黑龙江、辽宁、河北等省。药材以栽培为主，主产于湖南、河南、江苏、浙江等地。野生于林下、灌木丛或阴坡草地，喜凉爽潮湿荫蔽的环境，不耐高温、强光和干旱。

栽培要点

选地

宜选排水良好、土层深厚、土质疏松肥沃、中性或微酸性砂质壤土，富含腐殖质土地尤佳。忌在土质黏重、易积水的土地栽培，忌连作。

种植

可用种子或根茎繁殖，生产上常采用根茎繁殖。根茎繁殖：从茎秆粗壮的植株上选取无病虫害、无损伤、须根多、顶芽饱满的肥大根茎作种，一般北方于春季种植，南方于夏、秋季栽种。种子繁殖因生产周期较长，一般不用于药材生产。

田间管理

及时除草、施肥、培土覆盖，玉竹怕涝，应及时排水防涝。为增加庇荫，生长期内第1 ~ 2年可套种农作物。

病虫害

主要病害有叶斑病、锈病、烂根病等，虫害主要有棕色金龟子、黑色金龟子、红脚绿金龟子等。

采收加工

一般生长3年后可采收，挖起根茎，抖去泥土，除去须根，洗净，按大小分级干燥。自然晾晒至柔软后反覆揉搓，直到将粗皮去净无硬心，呈金黄色半透明状，用手按有糖汁渗出时为止，再行晒干。也可先蒸透后揉至半透明，再晒干。

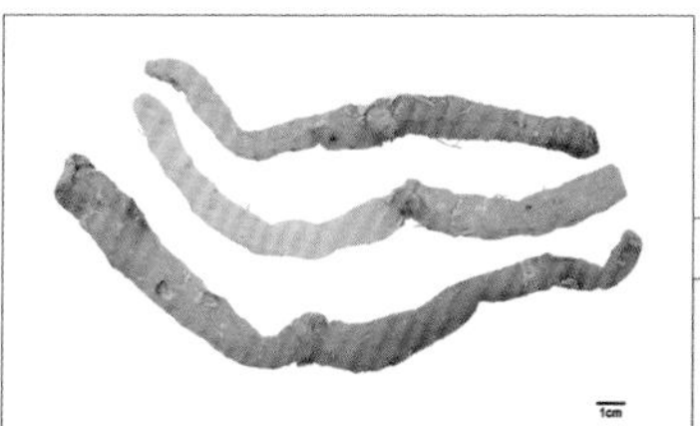

药材：玉竹
Polygonati Odorati Rhizoma

玉竹栽培基地

杭白芷 *Angelica dahurica* (Fisch. ex Hoffm.) Benth. et Hook. f. var. *formosana* (Boiss.) Shan et Yuan

白芷

Baizhi

拉丁文名：Angelicae Dahuricae Radix

概　述

伞形科 (Apiaceae) 植物杭白芷 *Angelica dahurica* (Fisch. ex Hoffm.) Benth. et Hook. f. var. *formosana* (Boiss.) Shan et Yuan 的干燥根。味辛，性温。具解表散寒，祛风止痛之功效。

产地与生长习性

多年生草本。野生分布于福建、台湾等地。药材以栽培为主，主产于浙江、四川、河北。喜温暖湿润和阳光充足的环境，适应性强、耐寒。

栽培要点

选地

宜选地势平坦、土层深厚肥沃、湿润而又排水良好的沙质壤土地。不宜在盐碱地栽培。忌连作。

种植

种子繁殖。秋季采收药材时，选择主根粗壮，无分叉者作为优良种株集中移栽。次年5、6月果实陆续成熟，晾干后脱粒待用；宜直播不宜育苗移栽。可于春、秋两季播种。

田间管理

及时中耕除草、追肥、灌溉，注意排水防涝。春季间苗时，注意除去生长过旺的植株，发现抽薹植株应及早间除。

病虫害

主要病害有斑枯病、紫纹羽病、立枯病、黑斑病等，主要虫害有黄翅茴香螟、黄凤蝶、蚜虫、红蜘蛛、黑咀虫、食心虫、地老虎等。

采收加工

春播者于当年秋季采收。秋播者于第二年夏、秋季采收。采收时间因地区不同而异。挖起全根，除去须根和泥沙，剪除主根上残留叶柄，剪下侧根，依据根条粗细分级，晒干或低温干燥。

附注

《中国药典》同时收载同属植物白芷*Angelica dahurica* (Fisch. ex Hoffm.) Benth. et Hook. f.的干燥根，也作“白芷”药用。

药材：白芷
Angelicae Dahuricae Radix

白芷栽培基地

珊瑚菜 *Glehnia littoralis* Fr. Schmidt ex Miq.

北沙参

Beishashen

拉丁文名：Glehniae Radix

概　述

伞形科(Apiaceae)植物珊瑚菜 *Glehnia littoralis* Fr. Schmidt ex Miq. 的干燥根。味甘、微苦，性温。具养阴清肺，益胃生津之功效。

产地与生长习性

多年生草本。分布于辽宁、河北、山东、江苏、浙江、广东、福建、台湾等地。药材以栽培为主，主产于河北、内蒙古、山东等地。喜温暖湿润气候，适应性较强。

栽培要点

选地

宜选土层深厚、土质疏松、排水良好的砂质壤土。忌连作。

种植

种子繁殖，常采用直播种植。秋季植株地上枯萎时，选取根型良好，无损伤、无病虫害的健壮根条作种株。次年7月果实呈黄褐色时采收成熟果穗，干燥脱粒，放干燥通风处备用。可连续多年(6～10)生产种子。秋季和春季均可播种。

田间管理

早春解冻后幼苗出土前，轻度松土；出苗后，及时松土除草、追肥。珊瑚菜抗旱力较强，轻度春旱有利于主根向下长，一般不灌溉，若遇严重干旱可适度浇水。雨季应及时排水。

病虫害

病害主要有病毒病、锈病、根结线虫病等，虫害主要有大灰象甲、钻心虫、蚜虫等。

采收加工

春播当年秋季，秋播第二年秋季采收。植株地上枯黄时挖出根系，去掉泥土和茎叶，除去须根，洗净，稍晾，置沸水中烫后除去外皮，干燥。或洗净直接干燥。

药材：北沙参
Glehniae Radix

珊瑚菜栽培基地

玄参 *Scrophularia ningpoensis* Hemsl.

玄参

Xuanshen

拉丁文名：Scrophulariae Radix

概　述

玄参科(Scrophulariaceae)植物玄参 *Scrophularia ningpoensis* Hemsl. 的干燥根。味甘、苦、咸，性微寒。具清热凉血、滋阴降火、解毒散结之功效。

产地与生长习性

多年生草本。主要分布于云南、四川、贵州、湖北、广西、安徽等省。药材以栽培为主，主产于浙江、湖南、四川、湖北、陕西等地。野生于山坡、山脚或山谷阴湿的草丛或丛林。喜温暖湿润气候，耐寒。

栽培要点

选地

宜选排水良好、土层深厚、疏松肥沃、富含腐殖质的砂质壤土地。排水不良的低洼地、黏重土不宜栽种。忌连作。

种植

可用子芽繁殖或种子繁殖。种子繁殖生长慢，生产上多采用子芽繁殖。秋末冬初采收药材时挖出根和根茎，选取无病虫害、生长粗壮、侧芽少的新生芽作种芽(俗称子芽)，用于生产栽培；种子繁殖常采用播种育苗移栽种植的方法。

田间管理

春季幼苗出土时，每株选留一个主茎，其余剪除。生长期及时中耕除草、追肥。玄参较耐旱，一般不需灌溉；雨季需开沟排水。花蕾至初花期，及时摘除花蕾，促进地下块根膨大。

病虫害

病害主要有斑枯病、叶斑病、白绢病等，虫害主要有棉叶螨、蜗牛、地老虎等。

采收加工

生长1年采收，冬季采挖，除去根茎、幼芽、须根及泥沙。晒至表皮皱缩后，堆积并盖上麻袋或草，使其“发汗”，发汗4～6天后再晒，反覆堆、晒，直至内部色黑干燥为止。

药材：玄参
Scrophulariae Radix

玄参栽培基地

甘草 *Glycyrrhiza uralensis* Fisch.

甘草

Gancao

拉丁文名：Glycyrrhizae Radix et Rhizoma

概　述

豆科 (Fabaceae) 植物甘草 *Glycyrrhiza uralensis* Fisch. 的干燥根和根茎。味甘、性平。具补脾益气、清热解毒、祛痰止咳、缓急止痛、调和诸药之功效。

产地与生长习性

多年生草本。分布于内蒙古、宁夏、甘肃、新疆、山西等省区。药材供给栽培和野生来源并存。野生于温带干旱草原、荒漠草原、黄土高原，以及沙漠和戈壁地区的河流、湖泊沿岸。喜光照充足、干旱气候。

栽培要点

选地

宜选土层深厚、土质疏松、排水良好的沙质壤土或壤土地。在荒漠和半荒漠地区，需要有灌溉条件。

种植

种子或根茎繁殖。种子繁殖：甘草种皮透气透水性差，播种前需经过机械碾磨或硫酸处理。根茎繁殖：秋季地上部分枯萎至春季发芽之前，采挖带有休眠芽的根茎，作为繁殖材料。

田间管理

幼苗生长期及时中耕除草。贫瘠土地可适量施肥，干旱地区应定期灌溉，适度干旱有助于药材品质的提高。

病虫害

病害主要有锈病、褐斑病和白粉病等，害虫主要有叶甲类、蚜虫类和甘草胭蚧。

采收加工

种子繁殖生长3 ~ 4年，根茎繁殖生长2 ~ 3年即可采收。秋季地上枯萎至春季出苗前均可采挖。挖出根系，去掉芦头，剪下侧根，除去泥沙，按粗细、长短分级，晒干。

附注

《中国药典》同时收载同属植物胀果甘草*G. inflata* Bat.和光果甘草*G. glabra* L.的干燥根和根茎，作为“甘草”药用。

药材：甘草
Glycyrrhizae Radix et Rhizoma

甘草栽培基地

龙胆 *Gentiana scabra* Bge.

龙胆

Longdan

拉丁文名：Gentianae Radix et Rhizoma

概　述

龙胆科 (Gentianaceae) 植物龙胆 *Gentiana scabra* Bge.的干燥根及根茎。味苦，性寒。具清热燥湿，泻肝胆火之功效。

产地与生长习性

多年生草本。主要分布于黑龙江、吉林、辽宁、内蒙古等省。野生于草甸、林边及灌木丛中。喜湿润凉爽气候，耐寒，怕炎热、干旱和曝晒。药材以栽培为主，主产于东北地区。

栽培要点

选地

宜选地势平缓，土层深厚、土质疏松，湿润肥沃富含腐殖质的砂质壤土地。地势高燥，土质黏重、贫瘠的土地不宜栽培。

种植

常采用种子繁殖、分根或扦插繁殖。龙胆种子细小，直播出苗率低，保苗困难，生产上采用育苗移栽种植模式；分根繁殖：龙胆生长3 ~ 4年后，根茎扩增生长形成既相连又分离的根茎群，挖起后分成几组根苗，再种植；扦插繁殖：选取多年生植株的茎杆，每3节截为一段作为繁殖材料。

田间管理

幼苗期喜弱光忌强光。及时除草、灌溉，雨季注意排水。对不作留种者需及时摘除花蕾。可种植玉米等作物遮荫。

病虫害

主要病害有叶斑病、斑枯病，虫害有蝼蛄、蛴螬等。

采收加工

育苗移栽2年以上均可采收。秋季地上枯黄至春季发芽前均可采挖。挖出根系，洗净泥土，阴干或低温烘干。待药材干至七成时，理顺根条，捆成小把，再晾至全干。

附注

《中国药典》同时收载同属植物条叶龙胆*G. manshurica* Kitag.、三花龙胆*G. triflora* Pall.、坚龙胆*G. rigescens* Franch.的干燥根及根茎，也作为“龙胆”药用。

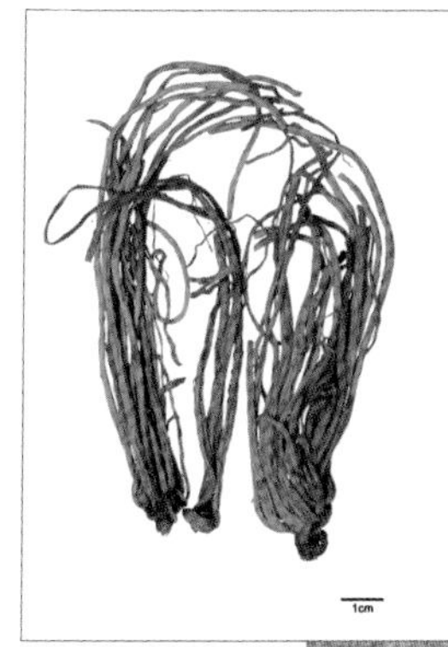

药材：龙胆
Gentianae Radix et Rhizoma

龙胆栽培基地

半夏 *Pinellia ternata* (Thunb.) Breit.

半夏

Banxia

拉丁文名：Pinelliae Rhizoma

概　述

天南星科 (Araceae) 植物半夏 *Pinellia ternata* (Thunb.) Breit. 的干燥块茎。味辛、性温；有毒。具燥湿化痰，降逆止呕，消痞散结之功效。

产地与生长习性

多年生草本。除内蒙古、青海、西藏和新疆外，中国其他各省均有分布。野生于海拔2500米以下草坡、荒地、农田或疏林下。喜温暖湿润气候，怕干旱，耐庇荫，忌强光直射。药材以栽培为主，主产于贵州、甘肃、山西等地。

栽培要点

选地

宜选湿润肥沃、保水保肥力较强、土质疏松、排灌良好的沙质壤土地。涝洼地、盐碱地和土质黏重的土地不宜作种植地。

种植

可采用块茎、珠芽和种子繁殖。生产上常采用块茎繁殖，收获药材时，选取小块茎作为繁殖材料；珠芽繁殖：夏秋季叶柄下部或叶片基部的珠芽成熟时，可采下作为繁殖材料种植；种子繁殖：2年生以上半夏从初夏至秋季可开花结实，种子成熟时采收，于春季播种。

田间管理

及时松土、除草，适时适量追肥。6月及7月各培土1次，盖住株芽。半夏适宜在湿度适中的土壤中生长，应注意及时灌溉、排水。对不作留种者需及时除去花蕾。

病虫害

主要病害有叶斑病、病毒病、块茎腐烂病、缩叶病、根腐病、根瘤病等，主要虫害有红天蛾等。

采收加工

块茎和珠芽繁殖可当年或第2年采收；种子繁殖要2年以上才能采收。秋季采挖，洗净泥沙，按直径大小分级，除去外皮和须根，晒干。

药材：半夏
Pinelliae Rhizoma

半夏栽培基地

防风 *Saposhnikovia divaricata* (Turcz.) Schischk.

防风

Fangfeng

拉丁文名：Saposhnikoviae Radix

概　述

伞形科 (Apiaceae) 植物防风 *Saposhnikovia divaricata* (Turcz.) Schischk. 的干燥根。味辛、甘，性微温。具祛风解表，除湿止痛之功效。

产地与生长习性

多年生草本。主要分布于黑龙江、吉林、辽宁、内蒙古、河北、山西、宁夏、陕西、甘肃、山东等省。生长于山坡草地、干旱草原、低湿草甸、田边、路旁等。喜温暖、凉爽气候，喜光、耐旱、耐寒。药材以栽培为主，主产于东北及内蒙古东部，习称“关防风”。

栽培要点

选地

宜选土层深厚、土质疏松、排水良好、肥沃的砂质壤土地。易涝低洼地、盐碱地和黏土地不宜种植。

种植

通常采用种子繁殖，也可分根繁殖。生产中多采用直播种植，春秋播种均可，或育苗生长1年再移栽。分根繁殖：根具不定芽，通常在药材采收时，选取适当粗细根条，截段栽种。

田间管理

播种后注意保持土壤湿润，出苗后及时松土、除草，适时追肥。除留种植株外，发现抽薹及时摘除。防风抗旱力强，除遇特殊干旱一般不需浇水，雨季应防止积水烂根。

病虫害

主要病害有白粉病、根腐病等，主要虫害有黄翅茴香螟、黄凤蝶等。

采收加工

种子繁殖一般生长2年后采收，分根繁殖生长1年后采收。秋季地上枯黄至土地封冻前，或春季土壤解冻至萌芽前采挖。防风根长质脆易断，采收时避免折断主根。挖出根系，除去须根和泥沙，晾晒。晒到半干时去掉须根，按粗细长短分级扎成小把，晒至全干。

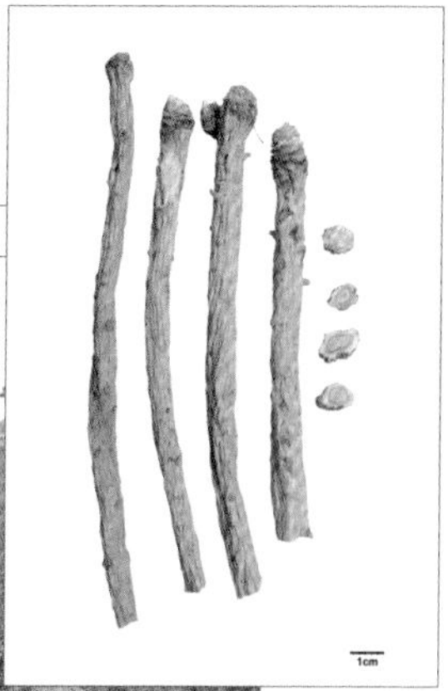

药材：防风
Saposhnikoviae Radix

防风栽培基地

当归 *Angelica sinensis* (Oliv.) Diels

当归

Danggui

拉丁文名：Angelicae Sinensis Radix

概　述

伞形科 (Apiaceae) 植物当归 *Angelica sinensis* (Oliv.) Diels的干燥根。味甘、辛，性温。具补血活血，调经止痛，润肠通便之功效。

产地与生长习性

多年生草本。主要分布于甘肃、云南、四川、湖北、陕西、宁夏、青海、贵州、山西等地。野生于气候凉爽、湿润的高寒山区。药材以栽培为主，主产于甘肃，云南、四川、陕西、湖北等地也有种植。

栽培要点

选地

宜选土层深厚、疏松、肥沃、排水良好、富含腐殖质的砂质壤土地种植。忌连作。

种植

通常采用育苗移栽种植，也可直播种植。育苗移栽：播种后地面覆盖薄层干草，以保持土壤水分并为幼苗遮荫。可春秋两季移栽。直播种植：秋季或春季直播种植，秋播不宜早，以霜冻前幼苗生长70余天为宜，春播宜早不宜迟，土壤解冻就可播种。

田间管理

当归幼苗期喜阴，忌烈日直晒，通常播种时覆盖干草遮荫，出苗后分批揭去盖草。结合中耕除草适时间苗，适时适量追肥。形成花茎者应及早剪掉，勿使其花序形成。

病虫害

主要病害是麻口病，主要虫害有金针成虫和地老虎幼虫等。

采收加工

育苗移栽种植，生长一年后于秋末植株地上部分枯黄时采挖，直播种植宜在经过1个完整生长季后的秋末采挖。秋季地上茎叶枯黄后，挖出根系，除去须根和泥沙，待水分稍蒸发后捆成小把，上棚用烟火慢慢熏干。

药材：当归
Angelicae Sinensis Radix

当归栽培基地

百合 *Lilium brownie* F. E. Brown var. *viridulum* Baker

百合

Baihe

拉丁文名：Lilii Bulbus

概　述

百合科(Liliaceae)植物百合*Lilium brownie* F. E. Brown var. *viridulum* Baker的干燥肉质鳞叶。味甘，性寒。具养阴润肺，清心安神之功效。

产地与生长习性

多年生草本。主要分布在河北、河南、陕西、甘肃、四川、贵州、云南等省。野生于土层深厚、肥沃的坡地草丛和疏林中。喜温暖、凉爽气候。药材以栽培为主，江苏宜兴、湖南邵阳、甘肃兰州、浙江湖州栽培历史悠久，为中国“四大百合产区”。

栽培要点

选地

宜选地势平缓、排水良好、土质疏松肥沃的砂质壤土地。忌连作。

种植

可采用种子繁殖或无性繁殖，生产上多采用小鳞茎或鳞片等营养器官进行无性繁殖。秋季收获时，收集无病植株上的小鳞茎作繁殖材料；或选择无病植株上的大鳞茎，切除基部使鳞片分离，选肥厚者进行繁殖；种子繁殖：秋季果实成熟开裂后收集种子，晒干，春秋均可播种。

田间管理

及时松土除草，适时适量追肥。夏季应及时排水，防止鳞茎腐烂。通常在小满前后打顶控制地上部分生长。及时摘除花蕾。对易形成珠芽品种，若不用其作繁殖材料应及时摘除。

病虫害

主要病害有立枯病、青霉病、腐烂病等，主要害虫有蚜虫、蛴螬等。

采收加工

栽培2年后采收，秋季采挖。挖出鳞茎，去除地上部分和根系，洗净泥土，剥取鳞片，将外鳞片、中鳞片和芯片分别置沸水中略烫，在清水中漂洗清除黏液，干燥。

药材：百合
Lilii Bulbus

百合栽培基地

西洋参 *Panax quinquefolium* L.

西洋参

Xiyangshen

拉丁文名：Panacis Quinquefolii Radix

概　述

五加科（Araliaceae）植物西洋参 *Panax quinquefolium* L.的干燥根，简称洋参，别名花旗参、美国人参。味甘、微苦，性凉。具补气养阴，清热生津之功效。

产地与生长习性

多年生宿根草本植物。原产北美洲的加拿大南部和美国北部，喜荫湿环境，忌强光和高温。20世纪70年代后中国开始引种栽培，现分布于吉林、北京、山东、陕西、山西，以及福建、云南等南方省区的高海拔山区。药材来源于栽培，主产于吉林、北京、山东等地。

栽培要点

选地

农田栽参，宜选土层较厚、排水良好、土质疏松肥沃、富含腐殖质、微酸性至中性沙质壤土地。林下栽参，宜选阔叶林分布的缓坡地带。忌连作。

种植

种子繁殖。可采用育苗移栽或直播种植。秋季采集3年生以上植株的成熟果实，取种子与湿沙混合进行层积处理催芽。春秋两季均可播种，育苗移栽需在播种生长2年后的秋季或翌春移栽。

田间管理

西洋参怕强光，搭棚遮荫为其田间管理重要措施。并配以灌溉和降温等设施。干旱时及时灌溉，雨季注意排水。休眠期土壤追肥，生长期适时叶面施肥。除留种者外，及时摘除花薹。

病虫害

主要病害有立枯病、疫病、锈腐病、根腐病等，主要害虫有蛴螬、金针虫、地老虎、蝼蛄等。

采收加工

一般生长4 ~ 5年采收，秋季地上茎叶枯萎时采挖，挖取全部根系，洗净泥沙，去掉杂质，晒干或低温干燥，分级包装。

药材：西洋参
Panacis Quinquefolii Radix

西洋参栽培基地

延胡索 *Corydalis yanhusuo* W. T. Wang

延胡索

Yanhusuo

拉丁文名：Corydalis Rhizoma

概　述

罂粟科(Papaveraceae)植物延胡索 *Corydalis yanhusuo* W. T. Wang 干燥块茎。味辛、苦，性温。具活血，行气，止痛之功效。

产地与生长习性

多年生草本。主要分布于浙江、江苏、湖北、湖南、河南、山东、安徽等省。生于荫蔽、潮湿的山地疏林地带，喜温暖、湿润、凉爽气候，耐寒、怕旱、怕涝、怕高温。药材以栽培为主，主产于浙江，是著名的“浙八味”之一。

栽培要点

选地

宜选富含腐殖质、肥沃疏松、排水良好的砂质壤土地种植。涝洼地及黏土地不宜栽培。忌连作。

种植

常采用块茎繁殖。播种后的生长发育过程中，播种的原块茎逐渐腐烂，并抽生出地下茎，在其茎节处也会膨大形成块茎，前者称为母块茎，后者称为子块茎。初夏采收药材时，选取子块茎作为繁殖材料。稍晾干后储藏至秋季栽种。

田间管理

延胡索栽培生长期较短，应施足基肥。根系较浅，一般不松土除草，出苗后应及时拔除杂草。秋季土壤结冻前一般要浇封冻水，春季土壤解冻后若干旱应及时灌返青水。生长季节，若遇干旱及时灌溉，大雨后注意排水。

病虫害

主要病害有霜霉病、菌核病、锈病等，主要害虫有地老虎、蝼蛄、金针虫等。

采收加工

栽种第二年夏初，地上茎叶枯萎时采收。挖出块茎，洗净泥沙，除去须根及杂物，按大小分级，置沸水中煮烫至恰无白心时取出，晒干。如遇雨天可用50 ~ 60℃烘干。

药材：延胡索
Corydalis Rhizoma

延胡索栽培基地

地黄 *Rehmannia glutinosa* Libosch.

地黄

Dihuang

拉丁文名：Rehmanniae Radix

概　述

玄参科（Scrophulariaceae）植物地黄 *Rehmannia glutinosa* Libosch. 的新鲜或干燥块根，前者称为“鲜地黄”，后者称为“生地黄”。鲜地黄：味甘、苦，性寒。具清热生津，凉血，止血之功效。生地黄：味甘，性寒。具清热凉血，养阴生津之功效。

产地与生长习性

多年生草本。分布于辽宁、河北、河南、山西、山东、陕西、甘肃、内蒙古、江苏、湖北等省区。地黄为阳性喜光植物，野生于平地、沟谷、山坡等阳光充足之地。药材以栽培为主，主产于河南、山西、山东等地。

栽培要点

选地

宜选择地势较高、排水良好、土层深厚、土质疏松肥沃的沙质壤土地，忌连作。

种植

通常采用块根（种栽）繁殖，种子繁殖可用于良种繁育。种栽培育有倒栽培育、优选窖藏及原地留种三种方法。选择健壮、无病虫害的种栽，于春季种植。

田间管理

地黄生长期仅6个月左右，应施足底肥。遇严重干旱适时灌溉，雨后排出积水。及时中耕除草，摘除花蕾，铲除沿地表生长的“串皮根”，促进块根生长。

病虫害

主要病害有斑枯病、轮斑病、细菌性腐烂病、胞囊绒虫病等，主要害虫有红蜘蛛、地黄拟豹纹蛱蝶、蛴螬等。

采收加工

栽种当年秋季采收。挖出块根，除去芦头、须根，洗净泥土，即为鲜地黄。鲜地黄按大中小分级，干燥，待内部逐渐变干颜色变黑，外皮变硬时，即成生地黄。

附注

《中国药典》同时收载“熟地黄”，为生地黄的炮制加工品。

药材：地黄
Rehmanniae Radix

地黄栽培基地

乌头 *Aconitum carmichaeli* Debx.

附子

Fuzi

拉丁文名：Aconiti Lateralis Radix Praeparata

概　述

毛茛科(Ranunculaceae)植物乌头 *Aconitum carmichaeli* Debx. 子根的加工品。味辛、甘，大热；有毒。具回阳救逆，补火助阳，散寒止痛之功效。

产地与生长习性

多年生草本。分布于四川、陕西、湖北、湖南、江苏、浙江、安徽、山东、河南、河北等省。野生于山地草坡或灌丛，喜温暖、湿润气候。药材以栽培为主，主产于四川、陕西等地。

栽培要点

选地

宜选择土层深厚、疏松、肥沃、排水良好的沙质壤土地，黏土或低洼积水地区不易栽种。忌连作。

种植

乌头可有性或无性繁殖，栽培乌头多用无性繁殖，栽培附子通常以乌头块根作繁殖材料。培育种根，多选择山区中等肥沃程度的土地，所产块根通常按照大小分为三级，一级和三级留作乌头栽培种根，二级用作附子种根。

田间管理

出苗后及时补苗拔去病株，适时追肥。通常修根1 ~ 2次，若不修根，附子个体大小参差不齐，达到可切制附片的数量较少。修根后及时追肥。4月上中旬摘去顶芽，1周后及时摘除茎节的腋芽。

病虫害

主要病害有白绢病、角斑病等，主要害虫有蚜虫等。

采收加工

栽后第二年采收。挖出根系，取下子根，除去须根及泥沙，称为“泥附子”。收取母根，加工干燥后作川乌药用。根据产地加工方法不同，附子分为三类：盐附子、黑顺片和白附片。

药材：附子
Aconiti Lateralis Radix Praeparata

乌头栽培基地

麦冬 *Ophiopogon japonicus* (L.f.) Ker-Gawl.

麦冬

Maidong

拉丁文名：Ophiopogonis Radix

概　述

百合科 (Liliaceae) 植物麦冬 *Ophiopogon japonicus* (L.f.) Ker-Gawl. 的干燥块根。原名“麦门冬”。味甘、微苦，性微寒。具养阴生津，润肺清心之功效。

产地与生长习性

多年生草本。主要分布于四川、浙江、湖北、河南、福建、安徽、广西等省。生于山坡阴湿处、林下或溪旁，喜温暖、湿润、荫蔽环境。药材以栽培为主，主产于浙江、四川等地，浙江产者称“浙麦冬(杭麦冬)”，四川产者称“川麦冬”。

栽培要点

选地

宜选土质疏松、肥沃、湿润、排水良好的砂质壤土地种植，积水低洼地不宜。忌连作。

种植

通常采用分株繁殖。采挖药材时，选颜色深绿、健壮的植株，斩下块根和根须，分成单株，切去部分茎基，立即栽种。开沟种植或穴栽，栽后用土盖至苗基部。

田间管理

麦冬喜阴湿环境，可间作玉米、西瓜、大头菜等农作物遮荫。一般在第1、2年间种，第3年停止间种。麦冬生长过程中，应及时松土、除草、灌溉、排水和施肥。有“早施发根肥，重施春秋肥”的习惯。

病虫害

主要病害有黑斑病、根结线虫病等，主要害虫有蛴螬、蝼蛄、地老虎、金针虫等。

采收加工

四川于栽种后第二年4月上中旬，浙江于栽种后第三年立夏至芒种期间采收。挖出根系，抖落泥土，切下块根，洗净。四川常采用曝晒与揉搓交替的方法进行干燥，反覆晒搓4 ~ 5次至干。浙江常采用曝晒与堆置交替的方法进行干燥，反覆晒堆3 ~ 4次至干。也可以用40 ~ 50℃低温烘干。

药材：麦冬
Ophiopogonis Radix

麦冬栽培基地

茅苍术 *Atractylodes lancea* (Thunb.) DC.

苍术

Cangzhu

拉丁文名：Atractylodis Rhizoma

概　述

菊科 (Asteraceae) 植物茅苍术 *Atractylodes lancea* (Thunb.) DC. 的干燥根茎。味辛、苦，性温。具燥湿健脾，祛风散寒，明目之功效。

产地与生长习性

多年生草本。主要分布于江苏、安徽、四川、湖北等省。野生于山坡草地、林下、灌丛及岩缝隙中，喜凉爽、湿润的气候环境，怕强光和高温。药材生产野生和栽培并存，主产于江苏、安徽、浙江、四川、河南等地。

栽培要点

选地

宜选择疏松、肥沃、排水良好的腐殖土或砂质壤土地栽培。低洼、排水不良的地块不宜栽种。忌连作。

种植

可用种子繁殖，也可分株繁殖。常采用育苗移栽种植。

种子繁殖：冬播宜在11月下旬至土壤封冻前，春播在3月上旬。将种子均匀播于沟中，覆土后覆盖稻草等物；移栽多在12月上旬进行，按根茎大小分级栽种，每株(根茎)保留1～2个主芽。分株繁殖：春季根茎刚要萌芽时，选取生长几年的植株，挖取整株根系，切成数块，每块带1～3个芽，用作繁殖材料。

田间管理

幼苗期及时中耕、除草、培土、追肥，适时灌溉排水。摘蕾是提高茅苍术根茎产量和种子品质的一项重要措施，需及时摘除花蕾。

病虫害

主要病害有黑斑病、轮纹病、枯萎病、软腐病、白绢病等，主要害虫有蚜虫、线虫等。

采收加工

生长2 ~ 3年后收获，秋季地上茎叶枯萎至早春发芽前采收。挖出块茎，除去泥沙及茎叶，晒干，撞去须根。

附注

《中国药典》同时收载同属植物北苍术*A. chinensis* (DC.) Koidz. 的干燥根茎作“苍术”药用。

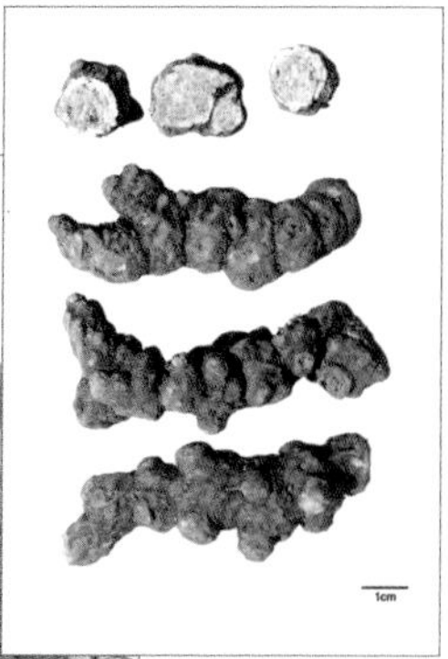

药材：苍术
Atractylodis Rhizoma

茅苍术栽培基地

何首乌 *Polygonum multiflorum* Thunb.

何首乌

Heshouwu

拉丁文名：Polygoni Multiflori Radix

概　述

蓼科(Polygonaceae)植物何首乌 *Polygonum multiflorum* Thunb.的干燥块根。味苦、甘、涩，性微温。具解毒，消痈，截疟，润肠通便之功效。

产地与生长习性

多年生缠绕草本。主要分布于华东、华中、华南、四川、云南及贵州等地。多生长于山坡、沟谷灌木丛、疏林下或林缘。喜温暖湿润气候。主产于河南、湖北、广西、广东、贵州等地。

栽培要点

选地

宜选排水良好、湿润肥沃，土质疏松、富含腐殖质的砂质壤土地种植，地势低洼和土质黏重土地不宜。

种植

有茎杆扦插繁殖、分根繁殖和种子繁殖等方法，生产上一般用扦插繁殖。选健壮无病株的藤茎，剪成20厘米左右的插条，每根插条应有2个节以上，并剪下部分叶片以减少水分蒸发，覆土压实。种子繁殖：秋季种子成熟时，剪下果穗晒干，搓出种子。条播或穴播，但因生长期较长，生产上很少使用。

田间管理

及时中耕、除草、追肥，保持土壤湿润，雨后注意排水。苗高长到30厘米以上时，搭“人”字形支架，高1.5米时，引藤上架。藤蔓长至2米长时，摘去顶芽。不留种子的植株需摘除花蕾。

病虫害

主要病害有锈病、褐斑病、根腐病等，主要害虫有蚜虫、地老虎、蛴螬等。

采收加工种植

2 ~ 4年，秋季落叶或春季新芽未萌发前采收。割去地上部分，挖出块根，削去两端，洗净泥土，按大小分级，大块可切成片或块，小块直接干燥，晒干或低温烘干。

药 材：何首乌
Polygoni Multiflori Radix

何首乌栽培基地

刺五加 *Acanthopanax senticosus* (Rupr. et Maxim.) Harms

刺五加

Ciwujia

拉丁文名：Acanthopanacis Senticosi Radix et Rhizoma seu Caulis

概　述

五加科 (Araliaceae) 植物刺五加 *Acanthopanax senticosus* (Rupr. Et Maxim.) Harms的干燥根和根茎或茎。味辛、微苦，性温。具益气健脾，补肾安神之功效。

产地与生长习性

多年生落叶灌木。主要分布于黑龙江、吉林、辽宁、内蒙古、河北等省。多生长在山坡中下部，散生于森林或灌丛中。主产于黑龙江、吉林、辽宁、河北等地。

栽培要点

选地

山区宜选用缓坡或平地，土层深厚、排水良好、疏松肥沃的土地种植。

种植

通常采用种子繁殖，也可扦插繁殖或分株繁殖。刺五加种子具生理后熟性，休眠期较长，需进行混沙层积变温处理。四月中旬播种育苗，生长2年后移栽。扦插繁殖，选当年萌发半木质化的幼茎或尚未开花、生长健壮的枝条。扦插当年秋季或翌春可移栽。

田间管理

延胡索栽培生长期较短，应施足基肥。其根系较浅，中耕除草时需要注意。遇到天气干旱对延胡索产量影响较大，因此，在生长季节，若遇干旱应及时灌溉，大雨后应注意排水。

病虫害

主要病害有霜霉病、菌核病、锈病等，主要害虫有地老虎、蝼蛄、金针虫等。

采收加工

栽种第二年夏初，地上茎叶枯萎时采收。挖出块茎，洗净泥沙，除去须根及杂物，按大小分级，置沸水中煮烫至恰无白心时取出，晒干。如遇雨天可烘干。

药材：刺五加
Acanthopanacis Senticosi Radix et Rhizoma seu Caulis

刺五加栽培基地

知母 *Anemarrhena asphodeloides* Bge.

知母

Zhimu

拉丁文名：Anemarrhenae Rhizoma

概　述

百合科（Liliaceae）植物知母 *Anemarrhena asphodeloides* Bge. 的干燥根茎。味苦、甘，性寒。具清热泻火，滋阴润燥之功效。

产地与生长习性

多年生草本。主要分布于河北、山西、内蒙古、黑龙江、吉林、辽宁等省。生于向阳山坡、沟谷和草原，喜温暖，耐干旱，具有一定耐寒性。药材来源以栽培和野生并存，主产于河北、山西、内蒙古、黑龙江、吉林、辽宁等地。

栽培要点

选地

对土壤要求不严，宜选向阳、排水良好、土质疏松的砂质壤土。

种植

通常采用种子繁殖，也可根茎繁殖。种子繁殖：春季或秋季均可播种，常采用直播种植或育苗移栽。播种前种子可用温水浸种催芽，多数种子刚萌发时即可播种。根茎繁殖：选无病虫害、长势好的根茎，分段切开作为种栽。

田间管理

知母幼苗生长较慢，播种育苗要及时除草，适当浇水，适时追肥。移栽种植初期应及时除草，适当浇水。知母抗性较强，移栽第二年以后一般不再需要管理。除留种植株外，开花之前应剪除花薹，促进根茎生长。

病虫害

主要害虫有蛴螬，危害幼苗及根茎。

采收加工

种子繁殖的3年以上，根茎繁殖的2年以上可采收，春季于土壤解冻至发芽前，秋季于地上茎叶枯黄至土壤结冻前采挖。挖出根系，除去须根和泥沙，晒干，即为毛知母；或除去外皮，晒干或烘干，即为知母肉。

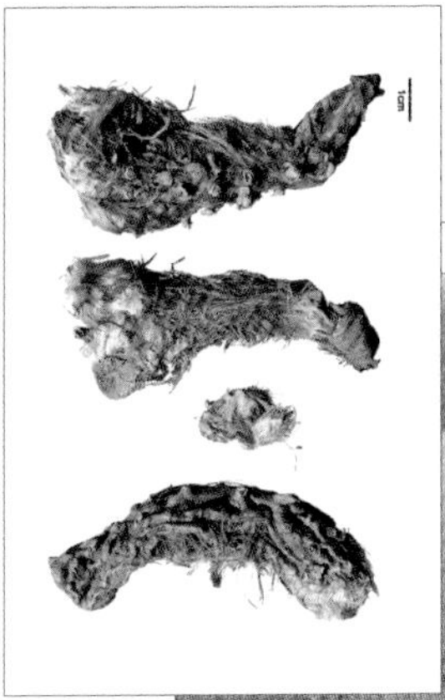

药材：知母
Anemarrhenae Rhizoma

知母栽培基地

北细辛 *Asarum heterotropoides* Fr. Schmidt var. *mandshuricum* (Maxim.) Kitag.

细辛

Xixin

拉丁文名：Asari Radix et Rhizoma

概　述

马兜铃科 (Aristolochiaceae) 植物北细辛 *Asarum heterotropoides* Fr. Schmidt var. *mandshuricum* (Maxim.) Kitag. 的干燥根及根茎。味辛，性温。具祛风散寒，祛风止痛，通窍，温肺化饮之功效。

产地与生长习性

多年生草本。主要分布于辽宁、吉林、黑龙江等省。生于林下、灌丛及林缘，喜阴，怕强光。药材以栽培为主，主产于辽宁、吉林、黑龙江等地，习称“辽细辛”。

栽培要点

选地

可林下栽培或农田栽培，宜选质地疏松、肥沃、富含腐殖质的沙质壤土。干旱、地势低洼、黏重、瘠薄的土壤不宜栽种。

种植

种子繁殖或分根繁殖，可采用育苗移栽或直播种植，也可切根栽植。种子处理：果实成熟采收后，除去果皮，稍晾后即可趁鲜播种。若不能及时播种，需沙埋保存。一般于7月上中旬播种育苗，条播或撒播，生长2年或3年即可起苗移栽。

田间管理

苗期管理，及时松土除草，适时施肥。越冬前畦面加覆盖物以防冻害。林下栽培，应修整树冠调整光照。农田栽培，应适当遮荫。

病虫害

主要病害有菌核病、叶枯病等，主要害虫有黑毛虫、地老虎等。

采收加工

一般种子直播种植生长4 ~ 5年，育苗移栽生长2 ~ 3年采收。采收期8 ~ 9月，挖出根系，除去地上部分和泥沙，阴干，不得水洗和日晒。

附注

《中国药典》同时收载同属植物汉城细辛*A. sieboldii* Miq. var. *seoulense* Nakai 和华细辛*A. sieboldii* Miq. 的干燥根及根茎，也作为“细辛”使用。

药材：细辛
Asari Radix et Rhizoma.

北细辛栽培基地

温郁金 *Curcuma wenyujin* Y. H. Chen et C. Ling

郁金

Yujin

拉丁文名：Curcumae Radix

概　述

姜科 (Zingiberaceae) 植物温郁金 *Curcuma wenyujin* Y. H. Chen et C. Ling 的干燥块根。味辛、苦，性寒。具活血止痛，行气解郁，清心凉血，利胆退黄之功效。

产地与生长习性

多年生草本。产于浙江南部。多生长于气候温暖、雨量充沛、土层深厚的沿江平原、河坝滩地，喜温暖湿润、光照充足环境，耐旱抗涝，怕霜冻。药材以栽培为主，主产于浙江瑞安，为著名的道地药材“浙八味”之一。

栽培要点

选地

宜选阳光充足、排水良好、土层深厚、土质肥沃湿润的砂质壤土或冲积土。忌连作。

种植

根茎繁殖。温郁金产地把根茎分成老头、大头、二头、三头、乳头、小头六类。老头即母种第1次生出来的根茎，大头是生在老头上的根茎，二头是生长在大头上的根茎，依此类推。一般选生长健壮，芽饱满，无病虫害二头、三头作种茎。清明前后栽种。

田间管理

温郁金根系浅，故中耕宜浅。需肥量大。生长期应保持土壤湿润，10月以后不再灌水，保持田间干燥。

病虫害

病害很少发生，主要害虫有地老虎、蛴螬、姜弄蝶等。

采收加工

栽种当年地上茎叶枯萎后采收。挖取根系，除去根茎和细根，除掉泥沙，蒸或煮至透心，一般至八或九成熟，干燥。干燥时不可火烘，以免起泡影响品质。

附注

《中国药典》同时收载姜黄 *C. longa* L.、广西莪术 *C. kwangsiensis* S. G. Lee et C. F. Liang 和蓬莪术 *C. phaeocaulis* Val. 的干燥块根，作为“郁金”药用。

药材：郁金
Curcumae Redix

温郁金栽培基地

苦参 *Sophora flavescens* Ait.

苦参

Kushen

拉丁文名：Sophorae Flavescentis Radix

概　述

豆科(Fabaceae)植物苦参*Sophora flavescens* Ait.的干燥根。味苦，性寒。具清热燥湿，杀虫，利尿之功效。

产地与生长习性

多年生落叶亚灌木。除新疆、青海外，中国均有分布。多生长于山坡、沙地、草坡、灌木林中或田地边。主产于山西、河北、河南、内蒙古和辽宁等地。

栽培要点

选地

苦参是深根系作物，宜选地下水位低，土层深厚，疏松肥沃，排水良好的砂质壤土地栽培。土质黏重，低洼积水地不宜种植。

种植

通常采用种子直播种植，也可育苗移栽或无性繁殖。选健壮无病虫害植株，采收荚果，干燥脱粒，去除杂质，晒干储存。种子中有部分硬实，其种皮坚硬、不透水、不透气，即使在适宜条件下也不发芽。为提高出苗率，播种前需进行机械研磨种皮或浓硫酸浸种等种子处理。直播种植一般在春季播种；大棚育苗在冬末育苗，春末移栽；露地育苗在晚春育苗，秋末移栽。

田间管理

苗期及时中耕除草，间苗补苗，适时追肥。生长期内，夏季现蕾时，除留种植株外，剪除花序，可显著增产。

病虫害

苦参抗病性强，一般无严重病害。主要害虫有钻心虫、地老虎、蝼蛄等。

采收加工

生长2 ~ 3年，秋末冬初茎叶枯萎后采收，挖出根系，除去根头和小支根，洗净，晒干或烘干。

药材：苦参
Sophorae Flavescentis Radix

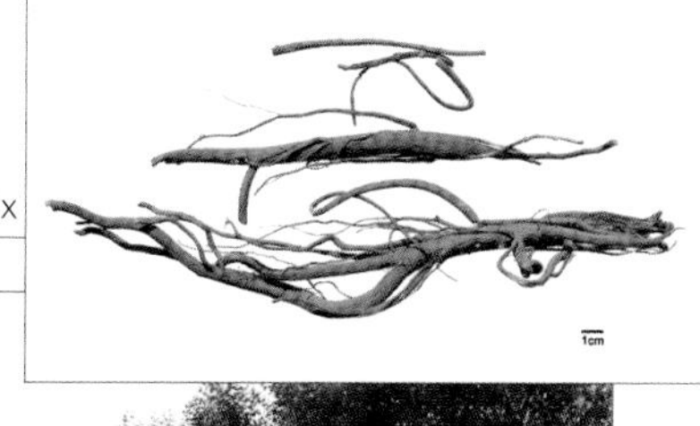

苦参栽培基地

泽泻 *Alisma orientalis* (Sam.) Juzep.

泽泻

Zexie

拉丁文名：Alismatis Rhizoma

概　述

泽泻科 (Alismataceae) 植物泽泻 *Alisma orientalis* (Sam.) Juzep. 的干燥块茎。味甘、淡，性寒。具利水渗湿，泄热，化浊降脂之功效。

产地与生长习性

多年生沼生草本。分布于四川、福建、江西、广东、广西、云南、贵州等省。生于湖泊、河湾、溪流、水塘的浅水带，喜光、喜湿、喜肥，不耐寒。药材以栽培为主，主产于四川、福建、江西等地。

栽培要点

选地

育苗地宜选土壤肥沃、排灌方便、背风向阳的浅水田。种植地宜选排灌方便、土壤肥沃、保水保肥性强、背风向阳的田地。保水保肥差的砂土、盐碱土地不宜种植。忌连作。

种植

通常种子繁殖，多采用育苗移栽种植。采收健壮留种母株的成熟果序，取种子，去除杂质。播种前，将选好的种子装入纱布袋，放在流动的清水中浸泡24 ~ 48小时，一般苗龄在35 ~ 50天起苗。秋季移栽。

田间管理

幼苗怕强光直射，播种后可搭棚遮荫。苗期可采用晚灌早排法灌水滋润畦面，随着秧苗的生长，水深可逐渐增加，但不得淹没苗尖。移栽后结合中耕除草进行施肥。维持田面水深保持在3厘米左右，采收前夕排干田面覆水。除留种植株外，及时摘除花蕾和侧芽。

病虫害

主要病害有白斑病、猝倒病，主要害虫有银纹夜蛾、缢管蚜、福寿螺等。

采收加工

秋季移栽，于当年12月中下旬植株地上茎叶枯萎时采收。挖出块茎，洗净泥土，干燥，除去须根和粗皮。

药材：泽泻
Alismatis Rhizoma

泽泻栽培基地

菘蓝 *Isatis indigotica* Fort.

板蓝根

Banlangen

拉丁文名：Isatidis Radix

概　述

十字花科(Brassicaceae)植物菘蓝 *Isatis indigotica* Fort. 的干燥根。味苦，性寒。具清热解毒，凉血利咽之功效。

产地与生长习性

两年生草本。主要分布于安徽、河北、江苏、河南、陕西、湖北等省，中国各地均有栽培。多生长于湿润肥沃的沟边或林缘。喜光，喜肥，耐旱，怕积水。药材以栽培为主，主产于安徽、河北、江苏、河南、陕西、湖北等地。

栽培要点

选地

宜选地势平坦、土层深厚、排灌方便、富含腐殖质的疏松砂质壤土。地势过高或过低，盐碱、黏重、干燥的土地不宜种植。

种植

种子繁殖，多采用直播种植。培育种子：一般在秋季采收板兰根时，选粗大、健壮、顺直无病虫害的根条，移栽到肥沃农田。翌春种子成熟及时采收，脱粒储存。春季或夏季均可播种，多采用条播，也可散播。

田间管理

苗期及时松土间苗，适时灌水、追肥。雨季及时排水，避免田间积水。生长过程中，可采收大青叶(最多2次)，采叶后应灌水追肥。

病虫害

主要病害有白锈病、霜霉病、白粉病等，主要害虫有小造桥虫、蚜虫、菜青虫、红蜘蛛等。

采收加工

播种当年秋季收获。春播者在立秋至霜降采挖，夏播者在霜降后采挖。挖出根系，除去泥沙，切去芦头和茎叶，晒至7～8成干，扎成小捆，再晒至干透。

附注

《中国药典》同时收载菘蓝的叶、由茎叶经加工制得的干燥粉末，以“大青叶”“青黛”分列条目。

药材：板蓝根
Isatidis Radix

菘蓝栽培基地

轮叶沙参 *Adenophora tetraphylla* (Thunb.) Fisch. 植株

南沙参

Nanshashen

拉丁文名：Adenophorae Radix

概　述

桔梗科 (Campanulaceae) 植物轮叶沙参 *Adenophora tetraphylla* (Thunb.) Fisch. 的干燥根。味甘，性微寒。具养阴清肺，益胃生津，化痰，益气之功效。

产地与生长习性

多年生草本。自然分布于东北、华东各省，河北、山西和内蒙古东部地区，以及广东、广西、云南、四川和贵州等省部分地区。野生于草地、灌丛、疏林或林缘，在亚热带地区可分布至海拔2000米以上地区。喜温暖凉爽的气候，耐寒，耐旱，较耐阴。药材以野生为主，主产于贵州、湖南、四川、江苏、江西、湖北、安徽等地。

栽培要点

选地

宜选阳光充足、土层深厚、疏松肥沃、富含腐殖质、排水良好的壤土或砂质壤土地。低洼积水土地不宜种植。

种植

通常采用种子繁殖，直播种植。可春播或秋播，春播于4月上中旬，秋播于11月封冻前。春播20天左右出苗，秋播于翌春3 ~ 4月出苗。

田间管理

幼苗期及时间苗、补苗。苗高12 ~ 15厘米时定苗，株距10 ~ 15厘米。定苗后适时追肥、灌水、松土、除草。第2年植株生长旺盛，结合追肥培土壅根，防倒伏。从第二年起，株高40 ~ 50厘米时打顶，减少养分消耗，促进根部生长。雨季注意排水防涝。

病虫害

主要病害有褐斑病、根腐病等，主要害虫有蚜虫、地老虎等。

采收加工

挖出根系，除去须根，趁鲜用竹刀刮去粗皮，洗净，晒干或烘干，也可干至七八成时切片，再晒干或烘干。

附注

《中国药典》同时收载同属植物沙参*A. stricta* Miq.的干燥根，作为“南沙参”药用。

药材：南沙参
Adenophorae Radix

南沙参栽培基地

射干 *Belamcanda chinensis* (L.) DC. 植株

射干

Shegan

拉丁文名：Belamcandae Rhizoma

概　述

鸢尾科 (Iridaceae) 植物射干 *Belamcanda chinensis* (L.) DC. 的干燥根茎。味苦，性寒。具清热解毒，消痰，利咽之功效。

产地与生长习性

多年生草本。中国分布广泛，除黑龙江、新疆等少数省区外均有分布。野生于林缘、山坡草地，多数生于低海拔地区，西南山区可分布到海拔2000米以上。喜阳光充足，温暖、湿润，耐旱、耐寒，怕积水。药材以栽培为主，主产于河南、湖北、江苏等地。

栽培要点

选地

宜选地势高燥、排水良好、土层深厚的砂质壤土地，土质黏重、低洼积水、盐碱较重或有线虫病的土地不宜种植。

种植

通常采用根茎繁殖，也可用种子繁殖。根茎繁殖，秋季植株地上枯萎至春季发芽前进行。种子繁殖，可直播种植或育苗移栽。直播种植：秋季或春季均可，3月下旬至5月上旬或10～11月播种。育苗移栽：一般春季播种育苗(也可秋季采收种子后播种)，播种当年夏、秋季或翌春移栽。

田间管理

播种出苗期适时揭去盖草，生长期及时除草、松土并培土，雨季及时排水。射干喜肥，施足基肥外，结合中耕除草适时追肥。根茎繁殖的当年开花结果，种子繁殖的第二年开花。除留种植株外，抽薹时摘除全部花蕾。

病虫害

主要病害有锈病、根腐病等，主要害虫有蛴螬、钻心虫等。

采收加工

秋季茎叶枯萎时至春季萌发前采挖，挖出根茎，除去泥沙，剪掉须根晒干，或将根茎晒至半干，搓去须根，再晒至全干。

药材：射干
Belamcandae Rhizoma

射干栽培基地

浙贝母 *Fritillaria thunbergii* Miq.

浙贝母

Zhebeimu

拉丁文名：Fritillariae Thunbergii Bulbus

概　述

百合科 (Liliaceae) 植物浙贝母 *Fritillaria thunbergii* Miq. 的干燥鳞茎。味苦，性寒。具清热化痰止咳，解毒散结消痈之功效。

产地与生长习性

多年生草本。分布于江苏南部、浙江北部和湖南等地区。野生于海拔较低的山丘荫蔽处或竹林下。喜凉爽、湿润环境，怕高温、干旱和积水。药材以栽培为主，主产于浙江、江苏等地。

栽培要点

选地

宜选土质疏松肥沃、排水良好、腐殖质较多的微酸性或近中性砂质壤土，黏壤、过沙的土地不适宜种植。

种植

通常采用鳞茎繁殖，也可种子繁殖或鳞片繁殖。鳞茎繁殖，9月下旬至10月上旬栽种。种子繁殖，在9月下旬至10月中旬播种。

田间管理

浙贝母喜肥，合理适时施肥有利于提高产量。长期水分过多易使鳞茎腐烂，而生长旺盛期(2月初–4月初)若土壤干旱会影响茎叶生长和鳞茎膨大，应及时排水、灌溉保持土壤适度湿润。夏季地上部分枯萎前，种子田可以套种玉米等作物遮荫，降低地温、调解水分，有利于鳞茎休眠越夏。

病虫害

主要病害有灰霉病、黑斑病、干腐病、软腐病、病毒病、炭疽病等，主要害虫有蛴螬、豆芫菁、葱螨等。

采收加工

挖出根茎，洗净，按大小分级加工。大者除去芯芽，即为大贝；小者不去芯芽，即为珠贝。分别撞擦，除去外皮，拌以锻过的贝壳粉，吸去擦出的浆汁，晒干或烘干；或趁鲜切成厚片，洗净，干燥，即为浙贝片。为著名道地药材“浙八味”之一。

药材：浙贝母
Fritillariae Thunbergii Bulbus

浙贝母栽培基地

党参 *Codonopsis pilosular* (Franch.) Nannf.

党参

Dangshen

拉丁文名：Codonopsis Radix

概　述

桔梗科（Campanulaceae）植物党参 *Codonopsis pilosula* (Franch.) Nannf. 的干燥根。味甘，性平。具健脾益肺，养血生津之功效。

产地与生长习性

多年生草本。分布广泛，华北、东北、西北及西南部分地区均有分布。野生于海拔1200米以上山地，常见于林下、林缘、灌木丛或半阴半阳山坡上。喜温和凉爽气候，怕热，怕涝，较耐寒。药材以栽培为主，主产于山西、甘肃、陕西、四川等地。

栽培要点

选地

党参为深根性植物，适宜在土层深厚、排水良好、土质疏松而富含腐殖质的砂质壤土地栽培。黏性较大的土壤或盐碱地、涝洼地不宜种植。

种植

常采用种子繁殖，直播或育苗移栽种植。直播种植：春播在3月下旬至4月中旬（华南地区可提前至2月），秋播在10月初至土地结冻前。育苗移栽：播种的时间同直播，春季或秋季移栽。春季在3月下旬至4月下旬，秋季在10月中、下旬，以秋栽为好。

田间管理

党参幼苗怕日晒，怕干旱，怕积水，播种后需用禾秆或草覆盖，幼苗出土后，要逐次揭去覆盖物。及时松土、除草，适时灌溉、排涝。育苗期少追肥以防陡长，第二、三年需适量施肥。

病虫害

主要病害有根腐病、锈病等，主要害虫有地老虎、蛴螬、蝼蛄、金针虫、跳甲、红蜘蛛等。

采收加工

秋季（9月末至10月中下旬）采挖。挖出根系，抖去泥土，洗净、晒干或烘干。

附注

《中国药典》同时收载同属植物素花党参 *C. pilosula* Nannf. var. *modesta* (Nannf.) L. T. Shen 或川党参 *C. tangshen* Oliv. 的干燥根，也作“党参”药用。

药材：党参
Codonopsis Radix

党参栽培基地

柴胡 *Bupleurum chinensis* DC.

柴胡

Chaihu

拉丁文名：Bupleuri Radix

概 述

伞形科 (Apriaceae) 植物柴胡 *Bupleurum chinense* DC. 的干燥根。味辛、苦，性微寒。具疏散退热，疏肝解郁，升举阳气之功效。

产地分布

多年生草本。主要分布于河南、河北、内蒙古、山西、湖北、吉林、黑龙江、辽宁、山东等省。野生于干旱山坡草地、林缘、灌丛、林间空隙等地。喜温暖、湿润气候，适应性强，耐寒、耐旱、怕涝。药材以栽培为主，主产于河北、山西、河南、陕西等地，习称“北柴胡”。

栽培要点

选地

宜选向阳平缓山坡及农田地，土层深厚砂质壤土及腐殖土为佳。黏重土壤及低洼易涝地不宜种植。

种植

通常采用种子繁殖，直播种植或育苗移栽。直播种植：春播应早，以3月下旬至4月上旬为宜，有利于发芽；秋播要迟，10月较佳，翌春出苗。育苗移栽：一般可在冬春季节播种，春播在3月下旬，冬播在11月末到12月初。

田间管理

及时清除杂草，适时施肥，除遇严重干旱外，一般不灌水，雨季注意防涝。8月上旬至10月上旬，除留作结种的植株外及时摘除新长出的花序。

病虫害

主要病害有柴胡斑枯病、锈病等，主要害虫有蚜虫、地老虎、蛴螬等。

采收加工

9月下旬至10月上旬，植株下部叶片开始枯萎时采挖。选择晴朗天气，挖出根系，剪除茎叶，去净泥沙，晒干。

附注

《中国药典》同时收载同属植物狭叶柴胡 *B. scorzonerifolium* Willd. 的干燥根，也作为“柴胡”药用，习称“南柴胡”。

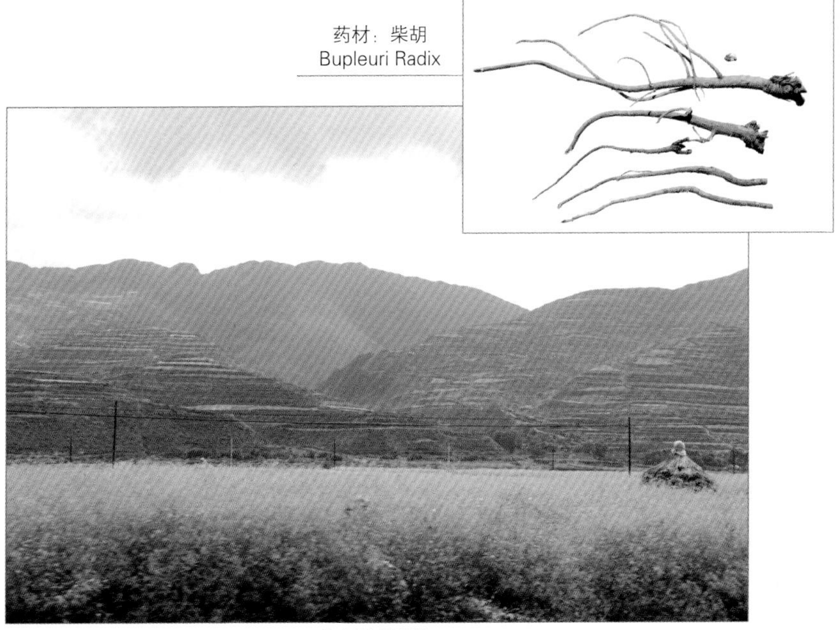

药材：柴胡
Bupleuri Radix

柴胡栽培基地

桔梗 *Platycodon grandiflorus* (Jacq.) A. DC.

桔梗

Jiegeng

拉丁文名：Platycodonis Radix

概　述

桔梗科(Campanulaceae)植物桔梗 *Platycodon grandiflorus* (Jacq.) A. DC. 的干燥根。味苦、辛，性平。具宣肺，利咽，祛痰，排脓之功效。

产地与生长习性

多年生草本。自然分布于安徽、河南、河北、山东、内蒙古、黑龙江、辽宁、吉林、湖北、浙江、江苏、四川、贵州等省。野生于海拔2000米以下荒坡、林缘、灌丛及草甸。喜阳光充足湿润凉爽环境，耐寒，怕积水，遇大风易倒伏。药材以栽培为主，主产于东北、华北地区。

栽培要点

选地

桔梗为深根性植物，宜选土层深厚、背风向阳、疏松肥沃、排水良好、富含腐殖质的砂质壤土。土质黏重，地势低洼的土地不宜种植。

种植

通常采用种子繁殖，直播种植或育苗移栽，生产上多用直播种植。直播种植：春播于3月下旬至4月中旬(东北地区在4月上旬至5月下旬)，秋播于10月中旬至11月上旬。育苗移栽：种子处理和播种同直播种植。生长1年后，秋季地上枯萎至春季出苗前移栽。

田间管理

幼苗期适时除草松土。生长期及时追肥，适时浇水，雨季注意排水。除留种植株外全部摘除花蕾。两年生高可达60 ~ 90厘米，易倒伏，可结合松土、施肥进行培土，防止倒伏。

病虫害

主要病害有立枯病、轮纹病、斑枯病、紫纹羽病、炭疽病、根腐病、疫病等，主要害虫有红蜘蛛、小地老虎、蚜虫等。

采收加工

秋季地上部分枯萎或春季萌芽前采挖，挖出根系，洗净，除去须根，趁鲜剥去外皮或不去外皮，干燥。

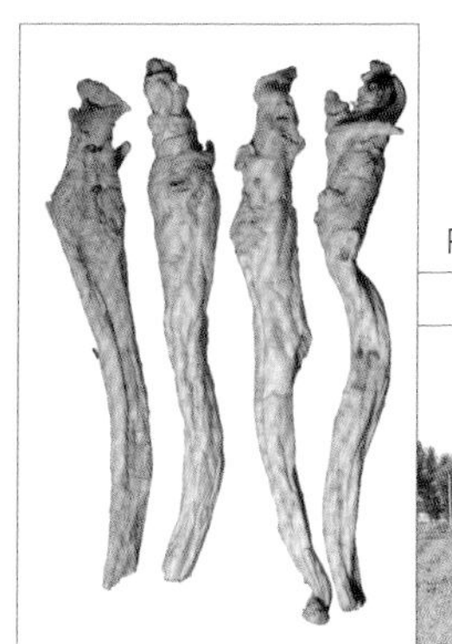

药材：桔梗
Platycodonis Radix

桔梗栽培基地

黄连 *Coptis chinensis* Franch.

黄连

Huanglian

拉丁文名：Coptidis Rhizoma

概　述

毛茛科 (Ranunculaceae) 植物黄连 *Coptis chinensis* Franch. 的干燥根茎。味苦、性寒。具清热燥湿、泻火解毒之功效。

产地与生长习性

多年生草本。自然分布于四川、云南、湖北、湖南、贵州等省及甘肃和陕西省南部。野生于海拔500 ~ 2000米山地林中或山谷阴湿处，喜冷凉、湿润、荫蔽环境，忌高温、干旱。药材以栽培为主，主产于重庆石柱、湖北利川、四川、云南等地。

栽培要点

选地

宜选土层深厚、排水良好、疏松肥沃、富含腐殖质、微酸性至中性土地种植。低洼黏重土地不宜栽培。忌连作。栽培地需有遮荫，可采用林下或林间种植或与高秆作物间种，早晚有斜光照射，坡度小于25°的缓坡地为佳。

种植

通常采用种子繁殖、育苗移栽种植，也可用分株等无性繁殖。冬季干旱地区，播后覆草等物料保湿，翌春解冻后揭去盖草。一般育苗生长2年起苗移栽。春、夏、秋均可栽种，春季2 ~ 3月移栽成活率较高。

田间管理

幼苗期应及时除草，移栽种植期，适时除草、松土和施肥。除留种植株外，及时摘除花薹。黄连忌强光照射，需搭棚遮荫。也可采用林间栽培或与高秆作物间作，利用生物遮荫。

病虫害

主要病害有白粉病、炭疽病、白绢病等，主要害虫有蛞蝓、地老虎等。

采收加工

秋季（10～11月）采收。整株挖出根系，清除泥沙，除去须根及地上部分，晒干或烘干。

附注

《中国药典》同时收载三角叶黄连*C. deltoidea* C. Y. Cheng et Hsiao和云连*C. teeta* Wall.的干燥根茎也作“黄连”药用。

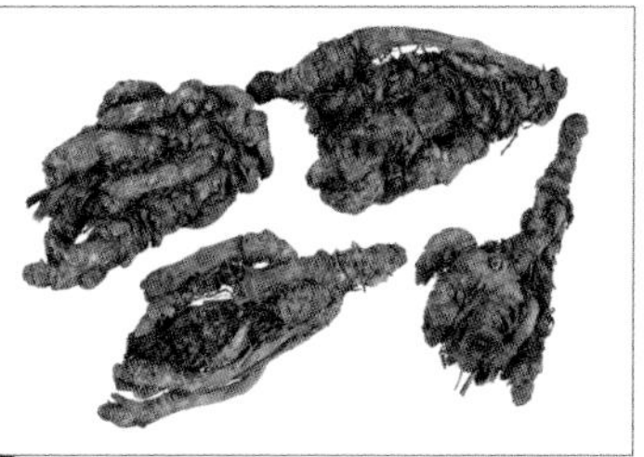

药材：黄连
Coptidis Rhizoma

黄连栽培基地

黄芩 *Scutellaria baicalensis* Georgi.

黄芩

Huangqin

拉丁文名：Scutellariae Radix

概　述

唇形科 (Lamiaceae) 植物黄芩 *Scutellaria baicalensis* Georgi.的干燥根。味苦，性寒。具清热燥湿，泻火解毒，止血，安胎之功效。

产地与生长习性

多年生草本。自然分布于黑龙江、吉林、辽宁、内蒙古、山西、河北、河南、山东、山西、甘肃等省。野生于向阳草坡、荒地和草原。喜温和气候，喜光，耐旱，耐寒，较耐阴。药材以栽培为主，主产于河北、山东、山西、陕西、甘肃和内蒙古等地。

栽培要点

选地

宜选阳光充足、土层深厚、疏松肥沃、排水良好、地下水位较低的砂质壤土或腐殖质土。低洼积水地不宜种植。

种植

通常采用种子繁殖，也可分株或扦插繁殖。种子繁殖，一般直播种植，也可育苗移栽。直播种植：春播于4月中旬，秋播于8月中旬。育苗移栽：一般春季播种育苗。分株繁殖则是秋季地上枯萎至春季发芽前。扦插繁殖于5 ~ 6月扦插成活率较高。

田间管理

播种出苗期注意保持土壤湿润，幼苗期要及时除草。生长期间，适时追肥，若遇严重干旱可浇水。黄芩怕涝，雨季注意排水。除留种植株外，及时摘除花蕾。

病虫害

主要病害有叶枯病、白粉病、根腐病等，主要害虫有黄芩舞蛾、地老虎、菜青虫等。

采收加工

秋季茎叶枯黄至春季萌芽前采挖。挖出根系，除去泥沙，去掉茎叶，撞去粗皮，晒干。晾晒过程中避免雨水淋湿影响药材品质，否则根体内会变绿。传统认为生长5年左右品质更好，称为“枯芩”。

药材：黄芩
Scutellariae Radix

黄芩栽培基地

蒙古黄芪*Astragalus membranaceus* (Fisch.) Bge.var.*mongholicus* (Bge.) Hsiao

黄芪

Huangqi

拉丁文名：Astragali Radix

概　述

豆科(Fabaceae)植物蒙古黄芪*Astragalus membranaceus* (Fisch.) Bge. var. *mongholicus* (Bge.) Hsiao. 的干燥根。味甘，性微温。具补气升阳，固表止汗，利水消肿，生津养血，行滞通痹，托毒排脓，敛疮生肌之功效。

产地与生长分布

多年生草本。分布于黑龙江、内蒙古、河北、山西等省。野生于向阳草地及山坡。喜光，喜凉爽气候，耐旱，怕涝，耐冬季严寒，怕夏季湿热。药材以栽培为主，主产黑龙江、内蒙古、河北、山西、宁夏、陕西、甘肃等地。

栽培要点

选地

蒙古黄芪为深根性植物，适宜在阳光充足、土层深厚、疏松、肥沃、排水良好的砂质壤土种植，土质黏重、地下水位高、低洼易涝和盐碱地不宜种植。不宜连作。

种植

种子繁殖，多采用直播种植。直播种植可春播、夏播或秋播，春播于4月中旬至5月上旬，夏播于6月下旬至7月上旬，秋播于9月下旬至10月上旬，秋播翌春出苗。秋季或翌春起苗移栽于大田。

田间管理

播种出苗期保持土壤湿润，幼苗期及时除草，生长期适时适量施肥，严重干旱时灌溉，雨季注意排水。除留种植株外，及时摘除花蕾。

病虫害

主要病害有白粉病、根腐病等，主要害虫有蚜虫、芫菁、豆荚螟等。

采收加工

秋季地上枯黄至春季萌芽前采挖，挖出根系，清除泥土，剪除根头和侧根，晾晒至七八成干，扎成小捆，再晒至全干。品质以3 ~ 4年采挖为最好。

附注

《中国药典》也收载同属植物膜荚黄芪*A. membranaceus* (Fisch.) Bge. 的干燥根，作为“黄芪”使用。

药材：黄芪
Astragali Radix

黄芪栽培基地

黄精 *Polygonatum sibiricum* Red. 植株

黄精

Huangjing

拉丁文名：Polygonati Rhizoma

概　述

百合科 (Liliaceae) 植物黄精 *Polygonatum sibiricum* Red. 的干燥根茎。味甘，性平。具补气养阴，健脾，润肺，益肾之功效。

产地与生长习性

多年生草本。分布于黑龙江、吉林、辽宁、内蒙古、河北、山东、江苏、河南、山西、陕西、宁夏、甘肃等省。野生于山地林下、灌丛或半阴、半阳坡草地。喜多阴寡照的气候，耐寒冻，适应性较差。药材野生栽培兼有，主产于河北、内蒙古等地。

栽培要点

选地

宜选土质疏松肥沃，富含腐质，保肥保水力强的壤土或砂质壤土地种植，黏重板结、干旱瘠薄、低洼积水地不宜。仿野生栽培可选缓坡疏林地种植。

种植

通常采用根茎繁殖，也可种子繁殖。根茎繁殖是于秋季地上枯黄(9 ~ 10月)至春季萌芽前进行。种子繁殖是于春季土壤解冻时播种，生长1年，于翌年春季或秋季起苗移栽。

田间管理

生长期，及时松土除草，适时施肥。黄精喜土壤潮湿，应及时浇水。为满足其荫蔽特性，育苗地可搭棚遮荫，大田栽培可间作玉米等作物遮荫。除留种植株外，现蕾期及时剪除花蕾。

病虫害

主要病害有黑斑病，主要害虫有胸脊天牛、蓟马、剪叶象甲等。

采收加工

秋季地上枯黄至春季萌芽前采挖，挖出根系，洗净泥沙，除去茎叶和须根，置沸水中略烫或蒸至透心，晒干或烘干。

附注

《中国药典》同时收录同属植物滇黄精 *P. kingianum* Coll. et Hemsl.、多花黄精 *P. cyrtonema* Hua 的干燥根茎，也作为“黄精”药用。

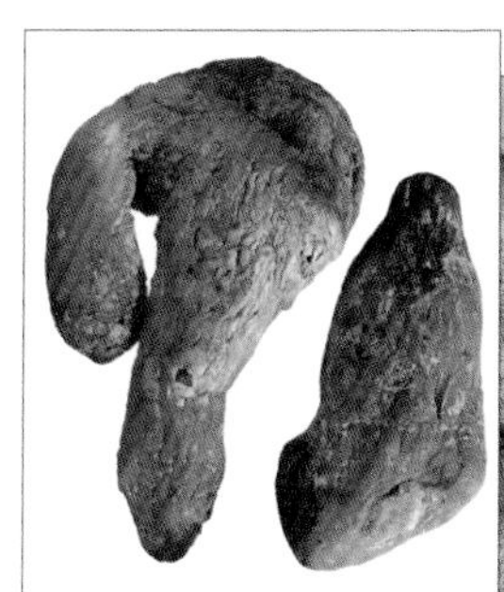

药材：黄精
Polygonati Rhizoma

黄精栽培基地

肉桂 *Cinnamomum cassia* Presl

肉桂

Rougui

拉丁文名：Cinnamomi Cortex

概 述

樟科 (Lauraceae) 植物肉桂 *Cinnamomum cassia* Presl 的干燥树皮。味辛、甘，性大热。具补火助阳，引火归元，散寒止痛，温通经脉之功效。

产地分布

多年生常绿乔木。主要分布于广西、广东等省。野生于避风的疏林中，与亚热带季雨林常绿阔叶林混生。喜温暖湿润气候，幼苗喜阴，成年树喜阳光充足。药材以栽培为主，主产于广西、广东等地。

栽培要点

选地

育苗地宜选土层深厚湿润、土质疏松肥沃、排水良好的砂质壤土。造林地宜选在光照充足，排水良好的缓坡及山谷地带。

种植

通常采用种子繁殖、育苗移栽种植，也可萌蘖繁殖、压条繁殖、扦插繁殖。种子繁殖为随采随播，如不能马上播种则需混湿沙贮藏。以春季为好，最迟不要超过5月上旬。3月中旬至4月上旬起苗定植，阴雨天为宜。

田间管理

播种育苗地，适时中耕、除草、追肥。移栽初期，应适时浇水保成活。移栽成活后，适时施肥、除草、修枝。剪除过密、衰弱和受病虫危害的枝条。每次砍伐利用后，对林地应进行1次全面翻耕、除草、松土和施肥。

病虫害

主要病害有根腐病、褐斑病、炭疽病等，主要害虫有褐色天牛、透翅蛾等。

采收加工

一般4 ~ 6月和9月砍树剥皮，此时剥皮较容易，桂皮品质也较好。采用专用刀具剥下树皮，按特定药材规格加工阴干。一般生长10 ~ 15年可采收加工“企边桂”，生长20年以上可加工“板桂”，生长5 ~ 6年可加工“桂通”。

附注

《中国药典》同时收载其干燥嫩枝，作为“桂枝”药用。

药材：肉桂
Cinnamomi Cortex

肉桂栽培基地

黄檗 *Phellodendron amurense* Rupr.

关黄柏

Guanhuangbo

拉丁文名：Phellodendri Amurensis Cortex

概　述

芸香科 (Rutaceae) 植物黄檗 *Phellodendron amurense* Rupr. 的干燥树皮。味苦，性寒。具清热燥湿，泻火除蒸，解毒疗疮之功效。

产地与生长习性

多年生落叶乔木。主要分布于黑龙江、吉林、辽宁等省。野生于山地杂木林中或山间谷地，混生在阔叶林中。喜温和湿润气候，适应性强，耐寒，苗期稍能耐阴，成年树喜光，喜肥，怕涝。药材以栽培为主，主产于黑龙江、吉林、辽宁等地。

栽培要点

选地

育苗地应选背风向阳，土层深厚，排水良好，肥沃的沙质壤土。造林宜选土层深厚、腐殖质含量较高的土地，零星栽培可选择土壤肥沃、潮湿的沟边、路旁和房前屋后空地。

种植

通常采用种子繁殖，育苗移栽造林。秋播于11月封冻前，春播于4月下旬至5月上旬。冬季落叶后至翌年新芽萌动前移栽。

田间管理

幼苗怕高温干旱，育苗地应保持土壤湿润，及时松土除草。移栽造林当年，应保持土壤湿润，遇干旱及时浇水，提高成活率。

病虫害

主要病害有锈病，主要害虫有蛞蝓、小地老虎、黄地老虎、凤蝶幼虫、牡蛎蚧等。

采收加工

春季5月上旬至6月下旬剥皮采收。按横向将树干分成若干条块区，每次剥取不超过树干周长二分之一区域的树皮，其余部分继续生长，对采皮部分树干实施保护使其再生新树皮，待新生树皮功能恢复后再逐次采剥其余部分，新生树皮成熟后可实施第二轮采收。剥下的树皮趁鲜刮去粗皮，显黄色为度，晒至半干，重叠成堆，用石板压平，再晒干即可。

药材：关黄柏
Phellodendri
Amurensis Cortex

关黄柏生长环境

牡丹 *Paeonia suffruticosa* Andr.

牡丹皮

Mudanpi

拉丁文名：Moutan Cortex

概　述

毛茛科(Ranunculaceae)植物牡丹 *Paeonia suffruticosa* Andr. 的干燥根皮。味苦、辛，性微寒。具清热凉血，活血化瘀之功效。

产地与生长习性

多年生落叶小灌木。分布于陕西、甘肃、四川、河南等省。野生于海拔50 ~ 500米的丘陵岗地。喜温暖向阳环境，较耐寒、耐旱，怕高温、积水。药材以栽培为主，主产于安徽、四川、河南、山东等地。

栽培要点

选地

宜选土层深厚，土质疏松肥沃，排水良好，坡度15° ~ 20° 的向阳砂质壤土或壤土地栽培，黏土地、盐碱地及低洼地均不宜种植。忌连作。

种植

药用牡丹多用种子繁殖、育苗移栽种植，也可用分株繁殖。一般8月中旬至9月上旬播种育苗为宜。生长2年起苗进行移栽种植，若生长缓慢则需3年才能移栽。9 ~ 10月起苗，按种苗大小分级栽种。分株繁殖则一般9月下旬至10月中旬进行。

田间管理

育苗地应及时松土除草，适时施肥。移栽种植地，栽种初期应保持土壤湿润，保证成活率，生长期应及时中耕除草，适量追肥，雨季注意排水。除留种植株外，摘除全部花蕾。

病虫害

主要病害有叶斑病、牡丹锈病、菌核病、牡丹白绢病、根腐病等，主要害虫有蛴螬、小地老虎、钻心虫、白蚁等。

采收加工

秋季枝叶枯萎时采挖根部，除去细根和泥沙，剥取根皮，晒干，称“连丹皮”，或刮去粗皮，除去木心，晒干，称“刮丹皮”。

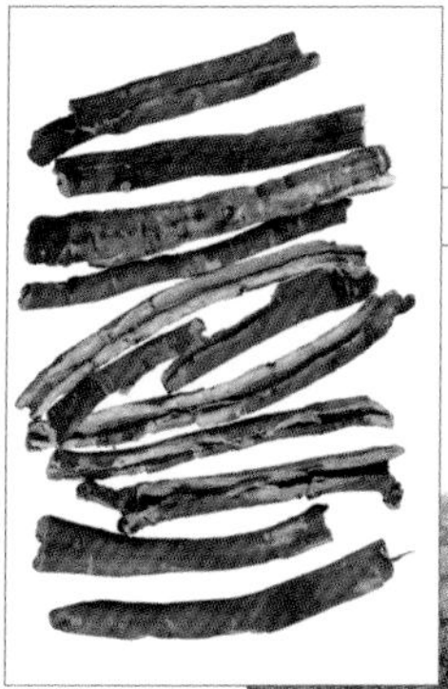

药材：牡丹皮
Moutan Cortex

牡丹皮栽培基地

杜仲 *Eucommia ulmoides* Oliv.

杜仲

Duzhong

拉丁文名：Eucommiae Cortex

概　述

杜仲科(Eucommiaceae)植物杜仲 *Eucommia ulmoides* Oliv. 的干燥树皮。味甘，性温。具补肝肾，强筋骨，安胎之功效。

产地与生长习性

多年生落叶乔木。中国特有树种，分布于陕西、甘肃、河南、湖北、四川、云南、贵州、湖南及浙江等省区，亚热带和暖温带多数省区有栽种。自然生长于海拔300 ~ 1300米的低山丘陵地区。喜温暖湿润、阳光充足的环境，较耐寒。药材源于栽培，主产于贵州、四川、陕西、湖北、陕西、湖南等地。

栽培要点

选地

育苗地宜选地势平坦、疏松肥沃、排灌方便的中性壤土或砂质壤土。定植地可选山区的向阳缓坡地。

种植

通常采用种子繁殖，育苗移栽种植，也可采用嫩枝扦插或压条等方法无性繁殖。气候温暖地区多采用春季播种，干旱地区也可雨季播种。

田间管理

育苗期，出苗后及时揭去盖草，及时中耕、除草、追肥、浇水，雨季注意排水防涝。移栽造林初期，适时锄草、松土、浇水和施肥，北方地区注意防寒。

病虫害

主要病害有猝倒病、立枯病、叶枯病等，主要害虫有地老虎、豹纹木蠹蛾等。

采收加工

采收期因气候条件不同而异，四川地区一般为6～7月。用利器环剥下树皮用做药材，注意不能破坏形成层。杜仲树皮再生能力较强，通常环剥3～5年新生树皮可长到与原生皮相近的厚度，可再次剥皮采收。剥下树皮，刮去外部粗皮，堆置“发汗”至内皮呈紫褐色，晒干。

附注

《中国药典》同时收载其干燥叶，作为“杜仲叶”使用。

药材：杜仲
Eucommiae Cortex

杜仲栽培基地

厚朴 *Magnolia officinalis* Rehd. et Wils.

厚朴

Houpo

拉丁文名：Magnoliae Officinalis Cortex

概　述

木兰科(Magnoliaceae)植物厚朴*Magnolia officinalis* Rehd. et Wils.的干燥干皮、根皮及枝皮。味苦、辛，性温。具燥湿消痰，下气除满之功效。

产地与生长习性

多年生落叶乔木。分布于陕西南部、甘肃东南部、河南东南部、湖北西部、湖南西南部、四川中部和东部、贵州东北部。野生于海拔300 ~ 1500米的山地林间。喜温暖、潮湿气候，喜光，耐寒，不耐炎热。药材以栽培为主，主产于四川、湖北、贵州等地。

栽培要点

选地

育苗地宜选光照充足、排水良好、土质疏松、富含腐殖质的土地。造林地宜选土层深厚、土质地疏松、湿润肥沃、微酸至中性土地。

种植

通常采用种子繁殖，育苗移栽种植，也可压条或分蘖繁殖。冬播或春播。冬播于11 ~ 12月封冻前，当年不出苗；春播于春分至清明时节。

田间管理

及时除草，适时追肥，雨季注意排水。成林应适时抚育，剪除弱枝、下垂枝和过密枝。

病虫害

主要病害有根腐病、煤污病、叶枯病等，主要害虫有褐天牛、金龟子等。

采收加工

春季为适宜采收季节，可采用一次性伐树剥皮，也可采用环剥再生技术对活树剥皮。剥下的树皮卷成筒形横放，放入沸水中煮至较柔软时取出，以鲜草塞住两头，竖放于屋内阴湿处，加湿草覆盖“发汗”。当树皮横断面和内表面变紫褐色或棕褐色，有油润光泽时，取出放在通风处或室内架上风干，切忌日光曝晒。

附注

《中国药典》同时收载同属植物凹叶厚朴*M. officinalis* Rehd et Wils. var. *biloba* Rehd. et Wils. 的干燥干皮、根皮及枝皮，也作为“厚朴”药用。

药材：厚朴
Magnoliae
Officinalis Cortex

厚朴栽培基地

巫山淫羊藿 *Epimedium wushanense* T. S. Ying

巫山淫羊藿

Wushanyinyanghuo

拉丁文名：Epimedii Wushanensis Folium

概　述

小檗科 (Berberidaceae) 植物巫山淫羊藿 *Epimedium wushanense* T. S. Ying 的干燥叶。味辛、甘，性温。具补肝肾，强筋骨，去风湿之功效。

产地与生长习性

多年生常绿草本。主要分布于四川、贵州、湖北、广西等地。野生于海拔300 ~ 1700米的林下、灌丛、草丛及石缝中。喜阴湿生境，怕强光。栽培和野生药材共用，主产贵州等地。

栽培要点

选地

宜选地势平坦，土层深厚，土壤肥沃，土质疏松富含腐殖质的壤土或砂质壤土。

种植

可采用无性繁殖(分株繁殖、根茎繁殖)，也可用种子繁殖。无性繁殖，一般在秋季9 ~ 10月或春季3 ~ 4月种植。播种育苗是于5月下旬至6月上旬，随熟随采，脱粒后播种。

田间管理

播种出苗后，应及时撤除覆盖物，适时除草，干旱时浇水。幼苗怕阳光直射，可搭遮荫棚庇荫。移栽种植地，应及时除草适时追肥，干旱时浇水。采收地上部分后，要及时施肥补充土壤养分。

病虫害

病害偶见煤污病，害虫偶见小甲虫、蛾类幼虫等。

采收加工

夏、秋季茎叶茂盛时采收，每年可采1～2次。割取茎叶捆成小把，置于阴凉通风干燥处阴干或晾干。

附注

《中国药典》收载同属植物淫羊藿*E. brevicornu* Maxim.、箭叶淫羊藿*E. sagittatum* (Sieb. et Zucc.) Maxim.、柔毛淫羊藿*E. pubescens* Maxim.、朝鲜淫羊藿*E. koreanum* Nakai的干燥叶，作“淫羊藿”药用。

药材：淫羊藿
Epimedii Wushanensis Folium

巫山淫羊藿栽培基地

银杏 *Ginkgo biloba* L.

银杏叶

Yinxingye

拉丁文名：Ginkgo Folium

概　述

银杏科 (Ginkgoaceae) 植物银杏 *Ginkgo biloba* L. 的干燥叶。味甘、苦、涩，性平。具活血化瘀，通络止痛，敛肺平喘，化浊降脂之功效。

产地分布

多年生落叶乔木。中国自然分布的特有物种，浙江天目山有野生状态生长的大树，中国广为栽培。野生于海拔 500 ~ 1000 米的天然林中，常与柳杉、榧树、蓝果树等针阔叶树种混生。喜温暖向阳生境。药材源于栽培，主产于江苏、湖北、山东、广西、四川等地。

栽培要点

选地

育苗地宜选土层深厚，疏松肥沃，排水良好的砂质壤土。栽植宜选排水良好，光照充足，土层深厚、疏松、肥沃的砂质壤土地。也可在庭院四周和路边栽种。

种植

通常采用种子繁殖，也可扦插和分株繁殖，育苗移栽造林。种子是在秋季和春季播种。秋季播种于 10 ~ 11 月随采种随播种，春播于早春解冻后进行。冬季落叶后或早春萌发前移栽。

田间管理

育苗地及时除草，干旱时灌溉，雨季防涝。定植时适量灌水保证成活，定植后适时中耕、除草、追肥，雨季注意排水。银杏幼龄植株发枝力弱，抽生短枝少，若采用壮年植株的枝条嫁接则会抽生更多短枝增生叶量。定植后，可通过整形修剪培育矮化、密生枝条的树形，提高叶子产量。

病虫害

主要病害有茎腐病、白果腐烂病等，主要害虫有蛴螬、蝼蛄、毒蛾等。

采收加工

8 ~ 9月叶片浓绿尚未变黄时采收，采后及时干燥。

附注

《中国药典》同时收载其干燥成熟种子，作为“白果”药用。

药材：银杏叶
Ginkgo Folium

银杏叶栽培基地

番红花 *Crocus sativus* L.

西红花

Xihonghua

拉丁文名：Croci Stigma

概　述

鸢尾科 (Iridaceae) 植物番红花 *Crocus sativus* L. 的干燥柱头。味甘、性平。具活血化瘀，凉血解毒，解郁安神之功效。

产地分布

多年生宿根草本。原产欧洲南部，中国引种栽培。喜温暖湿润气候，较耐寒，怕涝，适宜于冬季较温暖的地区种植。国产药材源于栽培，主产于上海、浙江、江苏等地。

栽培要点

选地

宜选阳光充足，排灌方便，土质疏松肥沃，富含腐殖质的砂质壤土。土质黏重、低洼积水及过酸或过碱地不宜种植。忌连作。

种植

采用球茎繁殖。中国多采用大田繁育球茎，室内培养开花的方法生产药材。10月下旬至11月中旬栽种，第二年5月中旬地上部分枯萎新球茎成熟时整株挖起，剪掉残叶，除去母球茎残体，室内培养时间60天左右。

田间管理

大田栽种球茎后，及时中耕、除草、施肥，保持土壤湿润。室内培养开花，光照要充足防花芽徒长，但阳光不能直射球茎。花期最适温度15 ~ 18℃，室温低于15℃时不利于开花。开花期间，空气相对湿度在80% 以上为好，可通过地面洒水、喷雾等措施来调节湿度，勿洒水到球茎上。9月下旬至11月下旬为球茎侧芽生长期，及时除去过多侧芽。球茎20克以下一般仅留1个主芽。

病虫害

主要病害有腐烂病、花叶病等，主要害虫有蚜虫、蛞蝓等。

采收加工

10月至11月中旬开花，须开花当天及时采收。将整朵花采下，轻轻剥开花瓣，把管状花冠筒剥开，取出柱头及花柱黄色部分，放置通风处晾干或35 ~ 45℃低温烘干。

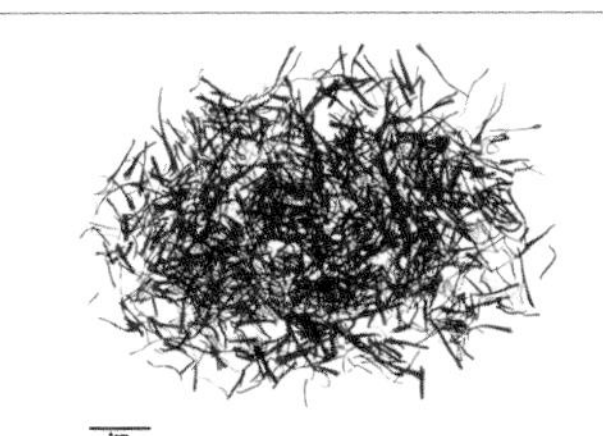

药材：西红花
Croci Stigma

西红花栽培基地

红花 *Carthamus tinctorius* L.

红花

Honghua

拉丁文名：Carthami Flos

概　述

菊科(Asteraceae)植物红花 *Carthamus tinctorius* L.的干燥花。味辛，性温。具活血通经，散瘀止痛之功效。

产地与生长习性

一年生或二年生草本。原产中亚地区，中国各地多有栽培。主要栽培于河南、四川、新疆、云南、浙江等省区。喜凉爽、干燥和阳光充足的气候条件，具有抗旱、抗盐碱、耐高温的特性。药材源于栽培，主产于河南、四川、新疆等地。

栽培要点

选地

宜选阳光充足、地势高燥、肥力中等、排水良好、质地疏松的壤土或砂质壤土。土壤黏重、低洼易涝的地块不宜栽种。忌连作。

种植

种子繁殖，常采用直播种植。北方多春播，3月中下旬至4月上旬播种，过晚长势弱，病虫害严重。南方多秋播，10月播种，过早会幼苗徒长，翌年抽茎早产量低；过晚出苗不齐或幼苗弱小难以越冬。

田间管理

红花喜干燥，但在出苗前、越冬期、现蕾期和花期需保持土壤湿润，特别是开花前和花期若遇干旱应及时灌水。秋播种植，入冬前宜灌封冻水以利安全越冬。及时除草，孕蕾期追肥，抽茎后培土防倒伏。

病虫害

主要病害有锈病、根腐病、黑斑病、炭疽病等，主要害虫有红花长须蚜、潜叶蝇、地老虎、蟋蟀、金针虫、蛴螬、蝼蛄等。

采收加工

花开放初期为黄色，后变成橘红色，花冠顶端由黄变红时采摘不带子房的管状花。同一头状花序的花朵开放时间有先后，一般需采摘3 ~ 5次。采摘后置通风干燥处阴干，也可低温烘干。切忌强光曝晒、烈火烘烤。

药材：红花
Carthami Flos

红花栽培基地

望春花 *Magnolia biondii* Pamp.

辛夷

Xinyi

拉丁文名：Magnoliae Flos

概　述

木兰科(Magnoliaceae)植物望春花 *Magnolia biondii* Pamp. 的干燥花蕾。味辛，性温。具散风寒，通鼻窍之功效。

产地与生长习性

多年生落叶乔木。主要分布于河南、湖北、陕西等省。野生于海拔200米以上的平原、丘陵、山谷阔叶混交林中。喜温暖湿润气候，较耐寒、耐旱，忌积水，幼苗怕强光和干旱。药材以栽培为主，主产于河南南召、卢氏、鲁山，湖北五峰、鹤峰、罗田，陕西略阳、洋县、平利。

栽培要点

选地

育苗地宜选土质疏松肥沃，排水良好的壤土或砂质壤土。栽培地宜选背风向阳、排水良好、土层深厚、富含腐殖质的壤土或砂壤土。

种植

常采用种子繁殖、育苗移栽种植，也可采用嫁接、压条、扦插育苗等方法繁殖。播种育苗是在春秋两季进行，通常在春分时节。秋末落叶后或早春苗木未萌动前移植。

田间管理

移栽后及时中耕除草，适时施肥，同时在树干基部培土，除去萌蘖苗。为使翌年多产新果枝，幼树可对生长旺盛枝条剪除顶尖，一般8月中旬较好，各地因气候条件不同而异。

病虫害

主要病害有立枯病，主要害虫有蝼蛄、金铃虫、地老虎等。

采收加工

冬末春初(1 ～ 2月)花未开放时采收。采摘时齐花柄处摘取，注意避免折断花枝。采下的花蕾，要及时摊放在通风干燥处阴干，不应曝晒或高温烘烤。如遇阴雨天，也可用烘房低温烘烤。

附注

《中国药典》同时收载同属植物玉兰*M. denudata* Desr.和武当玉兰*M. sprengeri* Pamp.的干燥花蕾，也作为“辛夷”使用。

药材：辛夷
Magnoliae Flos

望春花栽培基地

忍冬 *Lonicera japonica* Thunb.

金银花

Jinyinhua

拉丁文名：Lonicerae Japonicae Flos

概　述

忍冬科(Caprifoliaceae)植物忍冬 *Lonicera japonica* Thunb. 的干燥花蕾或带初开的花。味甘，性寒。具清热解毒，疏散风热之功效。

产地与生长习性

多年生半常绿缠绕木质藤本。分布于山东、河南、河北等多个省区。野生于阳光充足、雨水丰沛、林木稀疏的丘陵、山地。喜温暖湿润、光照充足的气候，耐寒、耐旱、耐盐碱、耐瘠薄。药材源于栽培，主产于山东、河南、河北等地。

栽培要点

选地

低山丘陵坡地和平原田地均可种植，丰产栽培宜选土质肥沃、土层深厚、质地疏松的砂质壤土地。

种植

可用种子和扦插繁殖，生产上常用扦插育苗移栽种植。种子是在春季或秋季土壤结冻前播种。扦插育苗在忍冬生长季节均可进行，但通常在雨季或初冬扦插，再于10月至翌春4月移栽种植。

田间管理

整形修剪是保证高产稳产的重要措施。冬季整形修剪，夏、秋季节采花后修剪花枝。

病虫害

主要病害有忍冬褐斑病、白绢病、白粉病等，主要害虫有蚜虫、金银花尺蠖、咖啡虎天牛、柳干木蠹蛾、红蜘蛛等。

采收加工

5月中下旬形成第一茬花，修剪和水肥管理得当，夏秋季节还会形成第二三茬花。采收未开放的花蕾，晒干或低温烘干。

附注

《中国药典》同时收载忍冬的干燥茎枝，作为“忍冬藤”药用。同属植物灰毡毛忍冬*L. macranthoides* Hand.–Mazz.、红腺忍冬*L. hypoglauca* Miq.、华南忍冬*L. confusa* DC.或黄褐毛忍冬*L. fulvotomentosa* Hsu et S. C. Cheng的干燥花蕾或带初开的花，作“山银花”药用。

药材：金银花 Lonicerae Japonicae Flos

金银花栽培基地

菊 *Chrysanthemum morifolium* Ramat.

菊花

Juhua

拉丁文名：Chrysanthemi Flos

概　述

菊科（Asteraceae）植物菊 *Chrysanthemum morifolium* Ramat. 的干燥头状花序。味甘、苦，性微寒。具散风清热，平肝明目，清热解毒之功效。

产地与生长习性

多年生草本。主要分布于安徽、浙江、河南、河北、湖南、湖北、四川、山东等省。原产中国，无野生类型，药用栽培品种主要有亳菊、滁菊、杭菊、怀菊、祁菊等。适宜于凉爽湿润的气候环境，喜肥，怕涝，怕高温。药材以栽培为主，主产于安徽、浙江、河南、河北、四川、陕西、广东等地。

栽培要点

选地

宜选阳光充足、肥沃疏松、排水良好的壤土或沙质壤土地。土质黏重，低洼易积水以及重盐碱地不宜栽种。忌连作。

种植

通常采用扦插繁殖、分株繁殖。扦插育苗是在4月下旬至6月上旬进行。分株繁殖，则是在4月下旬至5月上旬出苗时挖出根系后分株栽种。

田间管理

栽种后及时除草松土，植株开始分枝时和现蕾时适量追肥，促进多结蕾开花。打顶是促使主茎粗壮和分枝，并增加花蕾数量的重要措施。一般在分枝长10 ~ 15厘米时，剪去顶梢1 ~ 2厘米，从开始分支至花蕾形成前可连续打顶2 ~ 3次。

病虫害

主要病害有霜霉病、叶枯病、萎蔫病等，主要害虫有蚜虫、菊天牛、叶蝉、蛴螬、地老虎等。

采收加工

9 ~ 11月花朵开发时，依据开花先后分批采收盛开的花朵，阴干或焙干，或蒸后晒干。传统加工方法，一般采用硫黄熏蒸后晒干。按产地（品种）和加工方法不同，药材分为亳菊、滁菊、贡菊、杭菊和怀菊等。

药材：菊花
Chrysanthemi Flos

菊花栽培基地

款冬 *Tussilago farfara* L.

款冬花

Kuandonghua

拉丁文名：Farfarae Flos

概　述

菊科（Asteraceae）植物款冬 *Tussilago farfara* L. 的干燥花蕾。味辛、微苦，性温。具润肺下气，止咳化痰之功效。

产地与生长习性

多年生草本。分布于东北、华北、华东、西北及河南、湖北、湖南、江西、贵州、云南等省。常生于山谷湿地、渠沟畔沙地或林下。喜冷凉潮湿环境，耐寒、怕热、忌旱、忌涝。药材以栽培为主。主产于河南、甘肃、山西、陕西等地。

栽培要点

选地

宜选半阴半阳山坡、山谷及溪边，土质疏松肥沃，排灌方便，富含腐殖质的砂质壤土地种植。土质黏重、低洼易积水和水位较高的地块不宜种植。忌连作。

种植

常采用根茎繁殖，也可用种子繁殖。根茎繁殖是于春季或秋末冬初栽种。春栽，2月上旬至3月下旬。冬栽，10月上旬至11月上旬。种子繁殖则是在种子成熟时，撒播于整好的畦面上，秋末冬初或第二年早春土壤解冻后进行移栽。

田间管理

幼苗出土后及时除草、松土和培土。结合中耕除草适时施肥，一般在秋季孕蕾期前追肥。春季干旱时，适当灌水。雨季注意排水。

病虫害

主要病害有褐斑病、萎缩性叶枯病、菌核病等，主要害虫有蚜虫、蛴螬、地老虎等。

采收加工

10月中旬至土壤结冻前，或翌春萌芽前，在花蕾尚未出土，苞片呈紫色时采收。挖出根茎，摘下花蕾，除去花梗和泥沙，忌用水洗。放阴凉通风处干燥或50℃左右烘干。

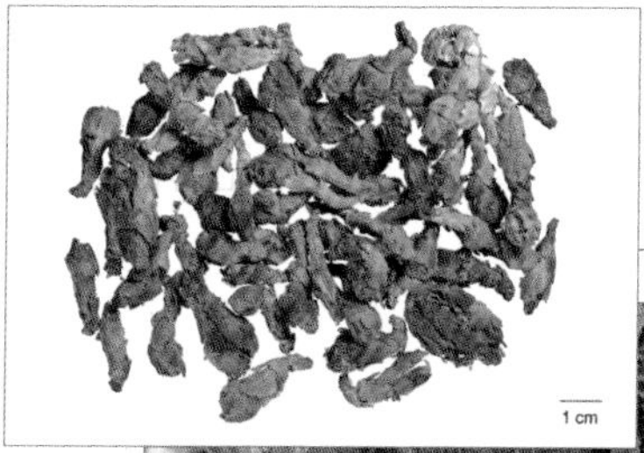

药材：款冬花
Farfarae Flos

款冬栽培基地

山茱萸 *Cornus officinalis* Sieb. et Zucc.

山茱萸

Shanzhuyu

拉丁文名：Corni Fructus

概　述

山茱萸科(Cornaceae)植物山茱萸 *Cornus officinalis* Sieb. et Zucc.的干燥成熟果肉。味酸、涩，性微温。具补益肝肾，收涩固脱之功效。

产地与生长习性

落叶灌木或乔木。集中分布于秦岭、伏牛山、天目山区。野生于暖温带和北亚热带，海拔400 ~ 1500米的深山区。药材以栽培为主，主产于河南、浙江、陕西等地。喜温暖湿润气候，具有耐阴、喜光、怕湿的特性。

栽培要点

选地

育苗地宜选地势平坦、排灌方便、土层深厚、疏松肥沃、富含腐殖质的砂质壤土地。栽培地宜选背风向阳的缓坡地及梯田。干旱瘠薄的山地及涝洼、重盐碱土地不宜栽种。

种植

多采用种子繁殖，育苗移栽种植。也可采用扦插、压条、嫁接等无性繁殖方法，保持母本的优良性状，提早开花结果。播种育苗一般是在秋季和春季进行。秋播，10月下旬种子成熟时采收，用鲜籽播种。春播，3月下旬至4月上旬播种。移栽定植宜在秋冬季落叶后或春季发芽前进行。

田间管理

播种出苗前后应保持土壤湿润，幼苗期及时间苗，松土除草，适时施肥灌溉。整形修剪是保持丰产稳产的重要措施。幼树期，以轻剪为主，促进主干及骨干枝生长。盛果期，适当剪去部分结果枝，防止早衰和结果大小年现象。

病虫害

主要病害有山茱萸炭疽病、角斑病、灰色膏药病等，主要害虫有山茱萸蛀果蛾、大蓑蛾、咖啡豹蠹蛾等。

采收加工

9月下旬至10月上旬果皮变红时采收，采下果实，除去果核和果柄，果肉及果皮晾干或烘干。

药材：山茱萸
Corni Fructus

山茱萸栽培基地

贴梗海棠 *Chaenomeles speciosa* (Sweet) Nakai

木瓜

Mugua

拉丁文名：Chaenomelis Fructus

概　述

蔷薇科(Rosaceae)植物贴梗海棠 *Chaenomeles speciosa* (Sweet) Nakai的干燥近成熟果实。味酸，性温。具舒筋活络，和胃化湿之功效。

产地与生长习性

多年生落叶灌木。主要分布于湖北、安徽、浙江、四川、湖南等省。野生于长江流域及长江以北、黄河以南的丘陵及半高山。喜温暖湿润、雨量充沛、阳光充足的气候，耐旱性强。主产于安徽、湖北、浙江、湖南、贵州、四川等地。

栽培要点

选地

育苗地宜选地势平坦、灌溉方便、疏松肥沃的砂质壤土地。移栽地宜选背风向阳的低山丘陵缓坡地或平地。

种植

可种子繁殖，也可用扦插、分株或压条等方法无性繁殖。常采用播种或扦插育苗移栽种植。播种育苗是在11月上旬或翌春3月上中旬进行。扦插育苗则是在春季萌芽前或秋季落叶后。春秋两季均可移栽种植，春季萌芽前较好。

田间管理

扦插育苗初期，可搭建低矮塑胶膜拱棚保湿，促进根系萌发和生长。栽种初期，及时除草，适时施肥，冬季培土保根。进入结果期，需根据土壤肥力状况和树体营养需求适时适量追肥。

病虫害

主要病害有叶枯病、褐腐病等，主要害虫有蚜虫、桃蠹螟、星天牛等。

采收加工

夏末秋初季节，果实外皮由绿色转青黄，果实成熟度7 ~ 8成时采收。通常用铜刀将木瓜切成两瓣，摊于竹帘上晒干，也可将整果实置沸水中烫或蒸后，晒至外皮皱缩时用铜刀剖开，再晒至全干。忌用铁刀切割，若遇阴雨天可低温烘干。

药材：木瓜
Chaenomelis Fructus

贴梗海棠栽培基地

五味子 *Schisandra chinensis* (Turcz.) Baill.

五味子

Wuweizi

拉丁文名：Schisandrae Chinensis Fructus

概　述

木兰科(Magnoliaceae)植物五味子 *Schisandra chinensis* (Turcz.) Baill. 的干燥成熟果实。味酸、甘，性温。具收敛固涩，益气生津，补肾宁心之功效。

产地与生长习性

多年生落叶木质藤本。主要分布于辽宁、吉林、黑龙江和河北等省。野生于沟谷、溪旁、山坡。喜湿润、适度荫蔽的环境，耐寒，不耐低洼水浸，幼苗期怕烈日照射。药材以栽培为主，主产于辽宁、吉林、黑龙江等地。

栽培要点

选地

育苗宜选地势平坦，土质肥沃、疏松，排水良好的砂质壤土地。移栽地宜选土层深厚、土质肥沃、排水良好的缓坡地或疏林地。

种植

方法多采用种子繁殖、育苗移栽种植，也可用扦插、压条繁殖或根茎繁殖。播种育苗一般在5月上旬至6月中旬进行，条播或撒播。培育1 ~ 2年后，起苗，春季或秋季移栽。通常于4月下旬或5月上旬栽种。

田间管理

播种出苗期，及时撤除覆草，搭棚为幼苗遮荫。幼苗怕干旱应及时浇水，适时除草松土和施肥。遇干旱及时灌溉，雨季注意防涝。栽种第一年，及时除草松土，适时灌水施肥。第二年搭架，多用水泥柱作立柱，横拉2 ~ 4根铁丝串联立柱呈栅栏状。

病虫害

主要病害有叶枯病、根腐病等，主要害虫有蝼蛄、蛴螬、金针虫等。

采收加工

8 ~ 9月果实成熟时采摘。剪下果穗，晒干或阴干，脱下果粒，除去果梗和杂质。若遇阴雨天可低温烘干。

附注

《中国药典》同时收载同属植物华中五味子*S. sphenanthera* Rehd. et Wils. 的干燥成熟果实为“南五味子”药用。

药材：五味子
Schisandrae Chinensis Fructus

五味子栽培基地

化州柚 *Citrus grandis* ‘Tomentosa’

化橘红

Huajuhong

拉丁文名：Citri Grandis Exocarpium

概 述

芸香科 (Rutaceae) 植物化州柚 *Citrus grandis* ‘Tomentosa’ 未成熟或近成熟的干燥外层果皮。味辛、苦，性温。具理气宽中，燥湿化痰之功效。

产地与生长习性

多年生常绿乔木。主要分布于广东化州、茂名，广西博白、陆川等地。自然分布于气候温暖、湿润的亚热带季风气候区。喜光，耐高温。药材以栽培为主，主产于广东化州、廉江等地。

栽培要点

选地

育苗地宜选背风向阳，土壤疏松肥沃，灌溉方便，排水良好的缓坡地。种植地宜选土质酸性，富含有机质，排水良好的丘陵坡地。

种植

可用种子繁殖，也可用嫁接、扦插或压条等方法无性繁殖。生产上多采用无性繁殖。嫁接繁殖，于春季2 ~ 3月播种，培育砧木，再从结果的优良母树上选取接穗嫁接到砧木上。春季和秋季采用切接或腹接，夏季采用芽接。春季新芽萌发前或秋季落叶后移栽定植。

田间管理

幼树期，及时除草松土，适时施肥促进树体生长，整形修剪搭建树体骨架。结果期，适时适量施肥，适度修剪促进开花结果。化州柚怕旱又怕涝，需及时灌溉排水。

病虫害

主要病害有炭疽病、疮痂病、溃疡病等，主要害虫有潜叶蛾、红蜘蛛、凤蝶、介壳虫、天牛、蚜虫等。

采收加工

6～7月果实未成熟时采收，置沸水中略烫后，将果皮割成5或7瓣，除去果瓤和部分中果皮，压制成形，干燥。

附注

《中国药典》同时收载同属植物柚 *Citrus grandis* (L.) Osbeck 未成熟果实的外果皮，作“化橘红”药用，习称“光七爪”“光五爪”。

药材：化橘红
Citri Grandis
Exocarpium

化橘红栽培基地

瓜蒌 *Trichosanthes kirilowii* Maxim.

瓜蒌

Gualou

拉丁文名：Trichosanthis Fructus

概　述

葫芦科(Cucurbitaceae)植物栝楼 *Trichosanthes kirilowii* Maxim. 的干燥成熟果实。味甘、微苦，性寒。具清热涤痰，宽胸散结，润燥滑肠之功效。

产地与生长习性

多年生草质藤本。分布于华北、华东、华中地区及陕西、甘肃、四川、贵州和辽宁等省。多野生于山坡草地、林缘、灌丛及路旁。喜温暖、湿润，怕干旱、积水和霜冻。药材以栽培为主，主产于山东、河南、河北、山西、陕西、湖南、四川等地。

栽培要点

选地

宜选背风向阳、土层深厚、疏松肥沃、排水良好的砂质壤土地种植，干旱或土质黏重、低洼积水地不宜栽培。

种植

可种子繁殖，也可用分根、压蔓等方法无性繁殖。种子繁殖是清明至谷雨时节播种。分根繁殖则在4月上旬进行。

田间管理

及时除草、灌溉、排水，适时适量施肥。栽种4 ~ 5年后，瓜蒌结实量减少，需换地移植。

病虫害

主要病害有炭疽病、黑斑病、根腐病、根结线虫病等，主要虫害有栝楼透翅蛾、蚜虫、钻心虫、黄守瓜等。

采收加工

9月下旬至10月上旬，果皮变成浅黄色，手捏感到柔软时即可采收。带果柄摘下果实，悬于通风处阴干，即成全瓜蒌。成熟果实，取出种子和瓤，晒干或烘干即成瓜蒌皮，种子晒干即成瓜蒌子。

附注

《中国药典》同时收载同属植物双边栝楼 *T. rosthornii* Harms 的干燥成熟果实，作为“瓜蒌”药用。栝楼和双边栝楼的干燥根均作为“天花粉”药用，两者的干燥成熟种子作为“瓜蒌子”药用，两者的干燥成熟果皮作为“瓜蒌皮”药用。

药材：瓜蒌
Trichosanthis Fructus

瓜蒌栽培基地

决明 *Cassia obtusifolia* L.

决明子

Juemingzi

拉丁文名：Cassiae Semen

概　述

豆科(Fabaceae)植物决明*Cassia obtusifolia* L.的干燥成熟种子。味甘、苦、咸，性微寒。具清热明目，润肠通便之功效。

产地与生长习性

一年生亚灌木状草本。长江以南各省区普遍分布。野生于山坡、荒野及河滩地。喜高温湿润气候，不耐寒，怕冻害。药材以栽培为主，主产于安徽、江苏、浙江、广东、广西、四川等地。

栽培要点

选地

宜选平地或向阳缓坡地，以土层深厚、疏松肥沃、排水良好的砂质壤土地为佳。土质黏重、低洼易涝积水地及盐碱地不宜种植。

种植

用种子繁殖，采用直播种植或育苗移栽。直播，于南方3月，北方4月中、下旬播种。育苗移栽，则是于早春在温室或大棚中播种育苗。

田间管理

幼苗期至封垄前及时中耕除草，苗高10厘米左右时间苗，苗高15 ~ 20厘米时，按株距30厘米左右定苗，保证土壤疏松无杂草。适时追肥，一般三次。第一次结合间苗，第二次在开花前，第三次在植株封行前。遇干旱及时浇水，雨季注意排水防涝。

病虫害

主要病害有轮纹病、灰斑病等，主要害虫有蚜虫、地老虎、蝼蛄等。

采收加工

秋季9月下旬至10月上旬，当荚果由青色变为黄褐色、大部分叶片发黄脱落时，分批采收。割下全株晒干，脱出种子，去净杂质，再将种子晒至全干，即得。

附注

《中国药典》同时收载同属植物小决明*C. tora* L.的干燥成熟种子，也作为“决明子”使用。

药材：决明子
Cassiae Semen

决明子栽培基地

连翘 *Forsythia suspensa* (Thunb.) Vahl

连翘

Lianqiao

拉丁文名：Forsythiae Fructus

概　述

木犀科 (Oleaceae) 植物连翘 *Forsythia suspensa* (Thunb.) Vahl 的干燥果实。味苦，性微寒。具清热解毒，消肿散结，疏散风热之功效。

产地与生长习性

多年生落叶灌木。主要分布于山西、陕西、河南、河北、山东、湖北、四川等省。野生于海拔250 ~ 2200米山坡及山谷草地、灌丛或疏林中。喜温暖湿润、阳光充足气候，耐寒、耐旱、耐涝、耐瘠薄。主要来源于野生资源，主产于河南、山西、陕西等地。

栽培要点

选地

育苗宜选阳光充足、土壤疏松、肥沃、砂质壤土地。栽植宜选背风向阳、排水良好的土地，可在荒山坡地栽种。

种植

常采用种子繁殖，也可用扦插、压条或分株等方法无性繁殖。种子繁殖，春播于3月下旬至4月上旬，冬播在土壤封冻前，一般用春播。扦插繁殖于夏季选择插穗，次年春季移栽定植。分株繁殖在秋季落叶后至早春萌芽前进行。

田间管理

苗期及时除草、松土、间苗，适时施肥，干旱时灌水。幼树期进行整形修剪，培育主枝、侧枝，形成可提早结果的自然开心形树型。成年树以冬季修剪为主，将枯枝、重叠枝、交叉枝、纤弱枝、徒长枝和病虫枝剪除。对老树的结果枝群，及时进行短截或重剪更新，注意去弱留强。

病虫害

病害较少，主要害虫有钻心虫、蜗牛、蝼蛄等。

采收加工

秋季8月下旬至9月上旬(霜降前)果实初熟尚带绿色时采收，除去杂质，蒸15分钟后晾干，即为连翘。10月上旬(霜降后)果实熟透尚未开裂时采收，晒干，即为老翘。

药材：连翘
Forsythiae Fructus

连翘栽培基地

吴茱萸 *Euodia rutaecarpa* (Juss.) Benth.

吴茱萸

Wuzhuyu

拉丁文名：Euodiae Fructus

概　述

芸香科 (Rutaceae) 植物吴茱萸 *Euodia rutaecarpa* (Juss.) Benth. 的干燥近成熟果实。味辛、苦，性热，有小毒。具散寒止痛，降逆止呕，助阳止泻之功效。

产地与生长习性

多年生落叶灌木或小乔木。产秦岭以南各地，主要分布于湖南、贵州、四川、云南、湖北等省。多野生于海拔1500米以下山地阳坡疏林或灌木丛中。喜温暖向阳、冬季较暖和的环境。药材以栽培为主，主产于湖南怀化、贵州、四川、广西、云南等地。

栽培要点

选地

育苗地宜选疏松肥沃，排水良好砂质壤土地。栽植地宜选山地和丘陵的向阳缓坡地栽培，土壤微酸性至中性。

种植

可种子繁殖或扦插、分蘖等无性繁殖。因种子发芽率极低，所以生产上多采用无性繁殖。其中，根段扦插，于2月上旬选插穗；枝条扦插，于2～3月植株抽芽前选取插穗。移栽种植于3月下旬至4月上旬或11月下旬至12月上旬进行。

田间管理

扦插育苗，应适度浇水保持土壤湿润，发芽生根时搭棚遮荫，幼苗生根，秧苗旺长时要拆除遮荫。移栽定植成活后及时中耕除草，适时施肥，适时整形修枝。

病虫害

主要病害有霉菌病、锈病等，主要害虫有褐天牛、柑橘凤蝶、土蚕等。

采收加工

9～10月果实由绿变黄尚未充分成熟时采收，剪下果枝，晒干或60℃以下低温干燥，除去枝、叶、果梗等杂质。

附注

《中国药典》同时收载同属植物石虎*E. rutaecarpa* (Juss.) Benth. var. *officinalis* (Dode) Huang或疏毛吴茱萸*E. rutaecarpa* (Juss.) Benth. var. *bodinieri* (Dode) Huang的干燥近成熟果实，作“吴茱萸”药用。

药材：吴茱萸
Euodiae Fructus

吴茱萸栽培基地

罗汉果 *Siraitia grosvenorii* (Swingle) C. Jeffrey ex A. M. Lu et Z. Y. Zhang

罗汉果

Luohanguo

拉丁文名：Siraitiae Fructus

概　述

葫芦科 (Cucurbitaceae) 植物罗汉果 *Siraitia grosvenorii* (Swingle) C. Jeffrey ex A. M. Lu et Z. Y. Zhang 的干燥果实。味甘，性凉。具清热润肺，利咽开音，滑肠通便之功效。

产地与生长习性

多年生草质攀援藤本。分布于广西、广东、湖南、贵州、福建和江西等地。野生于海拔250 ~ 1000米山谷林下、灌丛及河边湿地。喜温暖湿润、昼夜温差大、短日照气候，不耐高温，怕霜冻。药材以栽培为主，主产于广西永福、临桂等地。

栽培要点

选地

宜选东西向或东南向山坡中上部，土层深厚，排水良好，土质疏松肥沃的缓坡杂木林地或荒地。

种植

以采用扦插和压蔓等方法无性繁殖为主，亦可种子繁殖。压蔓一般在9月下旬，翌年定植。种子繁殖是随采随播或翌年春播。

田间管理

栽种后及时浇水保证成活，及时中耕除草适时施肥。罗汉果雌雄异株，为保证丰产稳产需进行人工授粉。

病虫害

主要病害有根结线虫病、疱叶丛枝病、白绢病、日灼病等，主要害虫有小瓜天牛、愈斑瓜、罗汉果实蝇、白蚁类、红蜘蛛类、黄守瓜、华南大蟋蟀、小地老虎、蛴螬、蜗牛、蛞蝓等。

采收加工

秋季果实由嫩绿色变深绿色时采收。用剪刀齐果实基部剪断果柄，剪口与果实外皮平。采回的果实摊放在阴凉通风处3 ~ 5天，使其“发汗后熟”，待果皮大部分呈淡黄色时干燥，采用45 ~ 65℃逐渐增温(后需降温)烘烤，当果实皮色变黄褐有光泽，用手轻弹声音清脆，有清香味时即可。

药材：罗汉果
Siraitiae Fructus

罗汉果栽培基地

栀子 *Gardenia jasminoides* Ellis

栀子

Zhizi

拉丁文名：Gardeniae Fructus

概　述

茜草科(Rubiaceae)植物栀子*Gardenia jasminoides* Ellis的干燥成熟果实。味苦，性寒。具泻火除烦，清热利湿，凉血解毒之功效；外用于消肿止痛。

产地与生长习性

多年生常绿灌木。主要分布于江西、湖南、福建、浙江、四川、重庆、湖北等省区。自然分布于海拔1500米以下丘陵、山谷、山坡及溪边的灌丛或林中。喜温暖湿润、阳光充足的环境，耐寒性差，较耐旱，忌积水。药材以栽培为主，主产于江西、湖南、重庆、湖北等地。

栽培要点

选地

育苗地宜选土层深厚、疏松肥沃、排灌方便的土地。栽培地宜选山坡中下部及丘陵的向阳缓坡，土层深厚，土质疏松，排灌方便的壤土或沙质壤土地。

种植

可用种子繁殖，也可用扦插、分株和压条等方法进行无性繁殖。种子繁殖的时间是每年11月至翌年3月。扦插繁殖在春秋两季均可，但夏秋之交季节的成活率最高。移栽种植则是在春季2～3月或秋季10～11月进行。

田间管理

育苗地，及时除草，适时灌水追肥，适当培土。播种育苗，应及时间苗。整形修剪，主要在秋季停止生长至春季萌芽前进行。结果大树，重点是剪除病虫害枝、徒长枝、重叠过密及细弱的枝条。

病虫害

主要病害有褐纹斑病，主要害虫有大透翅天蛾、栀子卷叶螟、龟腊蚧等。

采收加工

10月下旬至11月上旬，果实由青转为红黄时采摘，及时晒干或烘干，亦可置蒸笼内微蒸后晒干或烘干，除去果梗和杂质即可。

药材：栀子
Gardeniae Fructus

栀子栽培基地

莲子 *Nelumbo nucifera* Gaertn.

莲子

Lianzi

拉丁文名：Nelumbinis Semen

概 述

睡莲科 (Nymphaeaceae) 植物莲 *Nelumbo nucifera* Gaertn. 的干燥成熟种子。味甘、涩，性平。具补脾止泻，止带，益肾涩精，养心安神之功效。

产地与生长习性

多年生水生草本。主要分布在长江、珠江、黄河流域。生于水泽、池塘、湖沼或水田。喜阳光充足，温暖湿润的环境。药材以栽培为主，主产于湖北、湖南、福建、江苏、浙江、江西等地。

栽培要点

选地

湖、塘种植，水深不超过1米，水底应有肥沃土层，壤土或黏土。农田种植，宜选排灌方便，泥层深30厘米以上，肥沃的壤土或黏土水田。

种植

常采用根茎繁殖，也可用种子繁殖。根茎繁殖一般选春季种植，长江流域在清明前后，华南地区在春分前后，华北地区在谷雨前后，东北地区则在立夏前后。而播种繁殖，则春秋播种皆可。

田间管理

从栽植出苗到荷叶封行，适时中耕除草。莲喜肥，深水湖塘含有机质和养分较多，可不施基肥，莲田和土质瘠薄的湖塘要适时施肥。整个生长期莲地不能断水或淹没，应及时灌水和排水。

病虫害

主要病害有黑斑病、根腐病等，主要害虫有莲缢管蚜、斜纹夜蛾、稻根叶甲、黄刺蛾等。

采收加工

莲的开花和果实成熟期较长，7月上旬至10月中下旬，当莲蓬变为绿褐色，莲子表面有茶褐色斑块，莲子与孔格略有一丝隔离时即可采割莲房，取出果实，剥去种皮，捅出莲子心，晒干或烘干即可。剥皮、通心和干燥需当天完成。

药材：莲子
Nelumbinis Semen

莲子栽培基地

胖大海 *Sterculia lychnophora* Hance

胖大海

Pangdahai

拉丁文名：Sterculiae Lychnophorae Semen

概　述

梧桐科(Sterculiaceae)植物胖大海 *Sterculia lychnophora* Hance 的种子。味甘，性寒。具清热润肺，利咽开音，润肠通便之功效。

产地与生长习性

多年生落叶乔木。产于印度、缅甸、越南、泰国、印尼、马来西亚等国。野生于热带低海拔地区，山地杂木林中。喜温，喜阳，耐旱。中国广东湛江、海南、云南等地引种，生长良好。

栽培要点

选地

宜选排水良好、避风、阳光充足的平地或坡地种植，砂壤土、黄壤土和砖红壤土均可。

种植

常采用种子繁殖，也可采用嫁接或压条等方法无性繁殖。春秋两季均可栽种。

田间管理

胖大海小苗根系不发达，旱季注意浇水，雨季及时排水。幼苗期需及时除草，适时施肥。修剪整形培育矮化树冠。株高达1米左右，在距生长点2厘米处剪除顶尖，促使侧芽萌发形成枝条。在侧芽形成枝条达到一定长度后再剪除顶尖，一般如此持续摘顶3次，就可形成树冠基本骨架。

病虫害

主要害虫有绿鳞象甲、白蚁等。

采收加工

原产地栽种5 ~ 6年开花结果，引种地种植3年以上才能开花。4 ~ 6月果实开裂时采收成熟的种子，晒干即可。胖大海种子淋雨极易吸水膨胀发芽，果熟时要及时采收。

药材：胖大海
Sterculiae Lychnophorae Semen

胖大海栽培基地

阳春砂 *Amomum villosum* Lour.

砂仁

Sharen

拉丁文名：Amomi Fructus

概　述

姜科 (Zingiberaceae) 植物阳春砂 *Amomum villosum* Lour. 的干燥成熟果实。味辛，性温。具化湿开胃，温脾止泻，理气安胎之功效。

产地分布

多年生草本。主要分布于广东、云南、海南、广西等地。适宜生长在空气湿度较大，土层深厚、疏松肥沃、富含腐殖层，荫蔽度高的环境。喜高温高湿，怕涝，忌旱。药材以栽培为主，主产于广东、云南等地。

栽培要点

选地

育苗地，宜选适度荫蔽的新垦地，适宜湿润、肥沃、疏松的中性至微酸性砂质壤土。栽种地，山区宜选地势开阔、地形平缓、土层深厚、土质肥沃，荫蔽度在40% ~ 60% 的疏林地，平原宜选有排灌条件的土地。

种植

方法常采用种子繁殖，育苗移栽种植，亦可用分株繁殖。春秋两季均可播种，多采用秋播，一般8月下旬至9月上旬播种。春季或秋季移栽，一般4 ~ 5月栽种。分株繁殖，可春季或秋季进行。

田间管理

适时除草、松土、施肥。播种育苗，应保持苗床湿润，搭设荫棚遮荫。移栽种植，结果期可适量割苗(控制密度)，根据需要调节遮荫树木的郁闭度。

病虫害

主要病害有苗疫病、叶斑枯病、果疫病等，主要害虫有黄潜蝇等。

采收加工

8月中旬至9月中旬，果实由红紫色变为红褐色，种子呈黑褐色时采收，用剪刀剪取果穗，晒干或低温干燥，脱下果粒，去除杂质。

附注

《中国药典》同时收载同属植物绿壳砂*A. villosum* Lour. var. *xanthioides* T. L.Wu et Senjen、海南砂*A. longiligulare* T. L.Wu的干燥成熟果实，也作为“砂仁”药用。

药材：砂仁
Amomi Fructus

阳春砂栽培基地

酸橙 *Citrus aurantium* L.

枳壳

Zhiqiao

拉丁文名：Aurantii Fructus

概　述

芸香科(Rutaceae)植物酸橙*Citrus aurantium* L.及其栽培变种的干燥未成熟果实。味苦、辛、酸，性微寒。具理气宽中，行滞消胀之功效。

产地与生长习性

常绿小乔木。主要分布于四川、湖南、江西等省。自然分布于气候温暖湿润的丘陵、低山地带及江河湖泊沿岸。喜温暖湿润、阳光充足的气候。药材以栽培为主，主产于江西、湖南、四川等地。

栽培要点

选地

育苗宜选土层深厚，质地疏松和未种过柑橘类苗木的砂质壤土地。种植地宜选土质中性至微酸性，富含有机质，排水良好的低山丘陵向阳坡地。低洼地、盐碱地和过于黏重的土地不宜栽种。

种植

可采用种子繁殖，或嫁接、扦插和压条等方法行无性繁殖。春季或秋季均可进行种子繁殖，秋播较好。春季还可采用枝接，夏秋季节用芽接的方法进行无性繁殖。移栽则是于秋季10月下旬至11月上旬，春季新芽萌发前进行。

田间管理

及时中耕除草、灌溉排水，适时追肥，适度修剪促进开花结果。剪除病弱枝、交叉重叠枝，轻剪下垂枝，疏除徒长枝，短截生长旺盛的夏、秋梢，保持树冠通风透光。

病虫害

主要病害有柑橘溃疡病、柑橘疮痂病、柑橘霉病等，主要害虫有柑橘星天牛、介壳虫、潜叶蛾等。

采收加工

7月中旬至8月中旬，果皮尚呈绿色时分批采收，过早则果小，过迟则果瓤过大品质降低。整果切成两半，晒至5～6成干，堆放2～3天发汗，再晒至全干。亦可低温烘干。

药材：枳壳
Aurantii Fructus

酸橙栽培基地

宁夏枸杞 *Lycium barbarum* L.

枸杞子

Gouqizi

拉丁文名：Lycii Fructus

概　述

茄科 (Solanaceae) 植物宁夏枸杞 *Lycium barbarum* L. 的干燥成熟果实。味甘，性平。具滋补肝肾，益精明目之功效。

产地与生长习性

多年生灌木或小乔木。分布于宁夏、内蒙古、甘肃、青海、新疆、山西、陕西及河北北部。野生于土层深厚的土坡、低山、田边等处。喜湿润、长日照气候，耐干旱、盐碱。药材以栽培为主，主产于宁夏、内蒙古、新疆、甘肃、青海等地。

栽培要点

选地

育苗宜选排灌条件良好，土质疏松肥沃的中性或微碱性砂质壤土地。种植宜选地势高、排灌方便，土质疏松肥沃的砂质壤土地，轻度盐碜地也能种植。

种植

常采用种子繁殖，或扦插、根蘖、嫁接等方法进行无性繁殖，或育苗移栽种植。春、夏、秋三季均可进行种子繁殖，4月下旬至5月上旬最适宜。4月中上旬或秋季则可进行扦插等无性繁殖。春、秋两季均可育苗移栽。

田间管理

及时中耕除草、灌溉施肥。结果期，雨后注意排涝。幼树，注意整形修剪，培养骨干枝。成年树，剪去病虫害及枯死枝条修剪徒长枝、交叉枝，更新老、弱枝条。

病虫害

主要病害有枸杞黑果病、枸杞白粉病等，主要害虫有枸杞蚜虫、枸杞木虱等。

采收加工

6月上旬至10月底果实陆续成熟，果实由青绿色变成红色，果肉稍软时分批采收。晾至皮皱后，晒干，或低温烘干，除去果梗等杂质即可。

附注

《中国药典》同时收载宁夏枸杞及枸杞*L. chinense* Mill.的干燥根皮，作为“地骨皮”药用。

药材：枸杞子
Lycii Fructus

宁夏枸杞栽培基地

胡芦巴 *Trigonella foenum-graecum* L.

胡芦巴

Huluba

拉丁文名：Trigonellae Semen

概　述

豆科植物(Fabaceae)胡芦巴 *Trigonella foenum-graecum* L. 的干燥成熟种子。味苦，性温。具温肾助阳，祛寒止痛之功效。

产地与生长习性

一年生草本。原产于西亚、欧洲东部及地中海西部沿岸。中国南北各地均有引种栽培，在西南、西北等地，有些逸为野生状态，自然生于田间、路旁。喜阳光充足的半干旱气候，耐旱，怕涝。药材则源于栽培，主产于安徽、河南、宁夏等地。

栽培要点

选地

宜选阳光充足、地势平坦、排灌条件良好、土质疏松肥沃的壤质土地。地势低洼，排水不良的土地不宜种植。

种植

种子繁殖，常采用直播种植。北方地区4月上旬至5月初播种，淮河以南地区一般10月中旬至11月上旬播种。

田间管理

播种出苗期，保持土壤湿润。及时中耕除草，适时追肥，遇干旱及时浇水，雨季注意排水。为提高土地利用率，可与其他作物间作套种，春播可与蔬菜、甜菜、小麦等套种，秋播可与小麦套种。与其他作物轮作，有利土壤肥力恢复。

病虫害

主要病害有根腐病、青枯病、白粉病、灰斑病等，主要害虫有豆长须蚜等。

采收加工

植株呈半枯状态，下部荚果变黄时采收。一般整株收割，晒干，脱粒，除去杂质。

药材：胡芦巴
Trigonellae Semen

胡芦巴栽培基地

夏枯草 *Prunella vulgaris* L.

夏枯草

Xiakucao

拉丁文名：Prunellae Spica

概 述

唇形科 (Lamiaceae) 植物夏枯草 *Prunella vulgaris* L. 的干燥果穗。味辛、苦，性寒。具清肝泻火，明目，散结消肿之功效。

产地与生长习性

多年生草本。除东北、华北地区及山东、青海和西藏等省区外，其他地区均见分布。野生于荒坡、草地、溪边及路旁等湿润之地，分布广，适应性强。喜温和湿润气候，耐寒。药材以栽培为主，主产于湖南、江苏、安徽、河南等地。

栽培要点

选地

种植宜选阳光充足、排灌条件良好的沙质壤土地，也可在地势平缓的坡地种植。低洼易涝地不宜栽培。

种植

常用种子繁殖，采用直播或育苗移栽种植；也可分株繁殖。早春或早秋播种，适宜播种时间因地区而异。春播一般在3月上中旬至4月上旬，秋播一般在8月下旬至9月上中旬，秋播最晚时间须保证幼苗能正常越冬。分株繁殖则一般在春季萌芽前，选取健壮老蔸进行分株。

田间管理

出苗期须保持土壤湿润，干旱时喷洒灌水。幼苗期，适时间苗，及时中耕除草。整个生长期，适时适量追肥，以有机肥为主，适时施用化学肥料。追肥后应及时浇水。雨季注意排水。

病虫害

主要病害有夏枯草圆星病、夏枯草褐斑病等，主要害虫有菜青虫。

采收加工

夏季，果穗由绿转棕红色、呈半枯状态时，选晴天，分期分批采收。剪下果穗，除去杂质，及时晒干。

药材：夏枯草
Prunellae Spica

夏枯草栽培基地

益智 *Alpinia oxyphylla* Miq.

益智

Yizhi

拉丁文名：Alpiniae Oxyphyllae Fructus

概　述

姜科 (Zingiberaceae) 植物益智 *Alpinia oxyphylla* Miq. 的干燥成熟果实。味辛，性温。具暖肾固精缩尿，温脾止泻摄唾之功效。

产地与生长习性

多年生草本。分布于海南、广东、广西等省。自然分布在海南省南部和中部地区荫蔽、湿润的山谷林下。喜温暖、潮湿、荫蔽的环境。药材以栽培为主，主产于海南。

栽培要点

选地

育苗地宜选地势平坦，适度荫蔽，土壤疏松、肥沃，排水良好的地块。种植地宜选择有树木荫蔽的山谷或山坡中下部，土质疏松肥沃、蓄水保肥力较强的沙质壤土地。干旱、易积水和贫瘠的沙地不宜。

种植

常采用种子繁殖，育苗移栽种植；也可分株繁殖。益智种皮坚硬，播前须温水浸种混沙催芽处理15 ~ 20天，种子萌发露白后即可播种。移栽种植可在春、秋二季进行。分株繁殖则是于6 ~ 8月，选健壮植株，采挖带有新芽的地下茎作种苗，每穴1丛。

田间管理

播种出苗后揭去覆草，搭设荫棚遮荫，及时除草、施肥。开花结果期，适量追肥，若遇干旱应及时灌溉，暴雨后注意排水。秋季采收果实后，割除结过果实的植株和病弱株，剪除适量春夏季节新长出的植株。

病虫害

主要病害有立枯病、轮纹叶枯病、根结线虫病等，主要害虫有益智弄蝶、益智秆蝇、地老虎、大蟋蟀等。

采收加工

5月上旬至6月上中旬，当果实由青绿色转为淡黄色，种子呈棕褐色、味辛辣时采收。剪下果穗，除去果柄，晒干或低温干燥，除去杂质。

药材：益智
Alpiniae Oxyphyllae Fructus

益智栽培基地

薏苡 *Coix lacryma-jobi* L. var. *mayuen* (Roman.) Stapf

薏苡仁

Yiyiren

拉丁文名：Coicis Semen

概　述

禾本科 (Poaceae) 植物薏苡 *Coix lacryma-jobi* L. var. *mayuen* (Roman.) Stapf 的干燥成熟种仁。味甘、淡，性凉。具利水渗湿，健脾止泻，除痹，排脓，解毒散结之功效。

产地与生长习性

一年生或多年生草本。除高寒和干旱地区外，中国温带和亚热带多数省区可生长。野生于湿润的草地、山谷和河岸等处。喜温暖而稍潮湿、短日照的环境。药材以栽培为主，主产于福建、河北、辽宁、浙江等地。

栽培要点

选地

宜选阳光充足、地势平坦、排灌方便、蓄水保肥的中性或微酸性壤质土地。忌连作，也不宜以禾本科作物为前茬。

种植

常用种子繁殖，采用直播或育苗移栽种植。直播种植，一般3 ~ 5月进行，早熟种可早播，晚熟种可晚播。南方地区可在油菜或小麦收获后播种。育苗移栽，一般在3月上旬育苗，苗高10 ~ 15厘米时移栽。

田间管理

苗期及时间苗、除草。薏苡需肥较多，施足基肥，适时追肥。及时灌溉排水，湿润育苗、干旱拔节、有水孕穗、足水抽穗、湿润灌浆、干田收获。薏苡是雌雄同株异穗植物，风媒授粉，开花盛期上午10 ~ 12时，振动植株人工授粉，提高结实率。

病虫害

主要病害有黑穗病、薏苡叶枯病等，主要害虫有玉米螟、黏虫等。

采收加工

秋季植株下部叶片转黄，籽粒有80% 以上成熟变色时采收，过晚子粒易脱落。收割果穗，晾晒脱粒，再晒干即得壳薏苡，储藏备用。脱下外壳及黄褐色种皮，筛除杂质，即得薏苡仁药材。

药材：薏苡仁
Coicis Semen

薏苡栽培基地

广藿香 *Pogostemon cablin* (Blanco) Benth.

广藿香

Guanghuoxiang

拉丁文名：Pogostemonis Herba

概　述

唇形科 (Lamiaceae) 植物广藿香 *Pogostemon cablin* (Blanco) Benth. 的干燥地上部分。味辛，性微温。具芳香化浊，和中止呕，发表解暑之功效。

产地与生长习性

多年生草本。宋代从南洋传入中国。台湾、海南、广州、广西和福建等地栽培。野生于热带、南亚热带有一定荫蔽的平原或坝地。喜温暖、湿润，喜肥，幼苗怕强光。药材源于栽培，主产于广东、海南。

栽培要点

选地

育苗宜选排灌方便，疏松肥沃的砂质壤土地。栽培宜选排水良好的缓坡地、河岸冲积地，土层深厚，富含腐殖质的砂质壤土较好，黏重或排水不良的土地不宜。

种植

在中国广藿香难以开花结实，常用无性繁殖，采用扦插育苗、移栽种植。一般于春季2 ~ 4月扦插，海南等地也可于秋季7 ~ 8月扦插。10 ~ 15日可生根，生长1月后就可起苗移栽。一般春季育苗4 ~ 5月份移栽，秋季育苗可9 ~ 11月移栽。

田间管理

扦插育苗需保持适度土壤湿润，遇干旱灌水，雨天注意排水。移栽种植，及时松土、除草、培土，适时施肥，以氮肥为主。

病虫害

主要病害有角斑病、根腐病、褐斑病等，主要害虫有蚜虫、卷叶螟等。

采收加工

海南地区还可以在5～6月和9～10月连续采收两次。割取茎叶，及时摊晒数小时，使叶片稍呈皱缩状态，捆扎成小把，分层交错堆叠1夜闷黄叶色，翌日再摊晒，日晒夜闷，反复操作至全干。

药材：广藿香
Pogostemonis Herba

广藿香栽培基地

天山雪 *Saussurea involucrate* (Kar. et. Kir.) Sch. –Bip.

天山雪莲

Tianshanxuelian

拉丁文名：Saussureae Involucratae Herba

概 述

菊科(Asteraceae)植物天山雪莲 *Saussurea involucrata* (Kar. et. Kir.) Sch.–Bip. 的干燥地上部分。味微苦，性温。具温肾助阳、祛风胜湿，通经活络之功效。

产地与生长习性

多年生草本。主要分布于新疆，前苏联和蒙古亦有分布。野生于海拔1700 ~ 4200米的高山砾石坡地及石隙土缝，或高山松林湿地。喜潮湿、凉爽、光照强烈的环境条件。药材以野生为主，主产于新疆。

栽培要点

选地

栽培宜选海拔1700 ~ 4000米排水良好的缓坡地或平地，富含腐殖质、疏松肥沃的黑钙土为好。

种植

种子繁殖，可采用温室育苗移栽或直播种植。9月上中旬，果实呈黄褐色时采收，脱粒去杂，精选种子储藏备用。育苗移栽，翌春3月于温室育苗，最好是用营养钵育苗；5 ~ 6月，炼苗后移栽到种植地。种子直播，一般5月上、中旬，在整好的床面上，按30 ~ 40厘米行距，株距20 ~ 30厘米穴播，每穴3 ~ 5粒种子。覆土轻镇压。

田间管理

移栽缓苗期适当遮阳，保持土壤湿润。移栽成活后，合理灌溉和排水，及时除草，适时施肥。

病虫害

主要病害有白粉病、立枯病、猝倒病、褐斑病等，主要害虫有细胸金针虫、蝗虫等。

采收加工

栽培2 ~ 3年开始开花结实。夏、秋季节，花开时采收，阴干。

药材：天山雪莲
Saussureae Involucratae Herba

天山雪莲栽培基地

白花蛇舌草 *Hedyotis diffusa* Willd.

白花蛇舌草

Baihuasheshecao

拉丁文名：Hedyotidis Herba

概　述

茜草科(Rubiaceae)植物白花蛇舌草*Hedyotis diffusa* Willd.的干燥全草。味微苦、甘，性寒。具清热解毒，利湿通淋之功效。

产地与生长习性

一年生草本。分布于广东、香港、广西、海南、安徽、云南等省区。多自然分布于水田边和湿润的空旷之地。喜温暖潮湿环境和充足阳光，不耐干旱和积水。主产于福建、广东、广西及长江以南各地。药材来源为野生和栽培共存。

栽培要点

选地

育苗宜选地势平坦，灌溉排水条件良好，土质疏松肥沃的砂质壤土地。种植宜选丘陵缓坡或平地，光照充足、排灌方便、疏松肥沃、蓄水保肥的壤土地。

种植

常采用种子繁殖，直播或育苗移栽种植。直播种植，可春播或秋播，春播3月下旬至5月上旬，秋播8月中下旬。育苗移栽，于3月上中旬，种子拌细土均匀撒入沟内，覆土盖过种子为度。出苗后撤去盖草，苗高5 ~ 10厘米时移栽于大田。

田间管理

播种出苗期，保持土壤湿润。幼苗生长缓慢，苗期及时除草浅松土。生长过程中，及时除草，适时追肥，遇干旱及时灌水，雨季注意排水。

病虫害

主要病害有根腐病，主要害虫有斜纹夜蛾、地老虎等。

采收加工

长江以南地区，春播可收获2次，分别在8月中下旬和11月中下旬。秋播11月中下旬收获。果实成熟时（春播在果实部分成熟时采收第一茬），齐地面割取地上部分，晒至半干时，除去杂质，捆成小把，继续晒至全干。

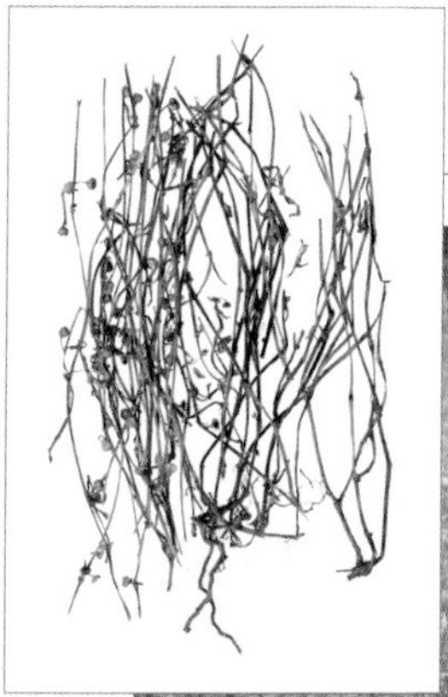

药材：白花蛇舌草
Hedyotidis Herba

白花蛇舌草栽培基地

碎米桠 *Rabdosia rubescens* (Hemsl.) Hara

冬凌草

Donglingcao

拉丁文名：Rabdosiae Rubescentis Herba

概　述

唇形科(Lamiaceae)植物碎米桠 *Rabdosia rubescens* (Hemsl.) Hara的干燥地上部分。味苦、甘，性微寒。具清热解毒，活血止痛之功效。

产地与生长习性

多年生亚灌木。分布于湖北、河南、贵州、四川、陕西、甘肃、山西、河北、浙江、安徽、江西、湖南及广西等省区。野生于海拔100 ~ 2800米的向阳山坡、谷地、砾石地及灌木丛等处。属阳性耐阴植物，抗寒性强，耐干旱、瘠薄。主产于河南、山西等地。

栽培要点

选地

宜选地势平坦、土层深厚、疏松肥沃、排水良好的砂质壤土或壤土地。

种植

常采用种子繁殖，育苗移栽种植；也可用扦插、分蘖、分根等方法无性繁殖。种子繁殖，可冬播或春播，分别是11月和翌春3月。生长一年后，于春季3月下旬至4月上旬，未发芽前，移栽种植。扦插繁殖，则于7 ~ 8月选择当年生成熟健壮枝条，剪成插穗。春季萌芽前，整丛挖起进行分株育苗。

田间管理

播种出苗期，保持土壤湿润。扦插育苗，生根期保持土壤湿润，生根后及时追肥和灌溉。移栽种植生长过程中，及时中耕除草，遇干旱灌溉，适时适量追肥。

病虫害

病害偶见叶斑病，害虫偶见菜青虫、小甲虫等。

采收加工

以地上全草入药，也可分期采收叶片，适宜采叶期为7 ~ 10月。一般栽植第一年在枝叶枯萎前全部采收地上部分，栽种3年以上时，可在7 ~ 8月采集全部叶片，促其萌发新叶，到深秋枝叶枯萎前再采集全部地上部分。采收后，及时晾晒干燥，干燥后除去杂质即可。

药材：冬凌草
Rabdosiae Rubescentis Herba

冬凌草栽培基地

铁皮石斛 *Dendrobium officinale* Kimura et Migo

铁皮石斛

Tiepishihu

拉丁文名：Dendrobii Officinalis Caulis

概 述

兰科(Orchidaceae)植物铁皮石斛 *Dendrobium officinale* Kimura et Migo的干燥茎。味甘，性微寒。具益胃生津，滋阴清热之功效。

产地与生长习性

多年生附生草本。分布于安徽、浙江、江西、福建、广东、广西、云南、四川、贵州、湖南等地。野生于高海拔山地半阴湿的岩石上。喜温暖湿润夏季凉爽环境，不耐寒。药材源于栽培，主产于浙江、云南、广西、广东、贵州、四川等地。

栽培要点

选地

仿野生栽培宜选温暖湿润，散射光充足的阔叶林地。设施栽培宜选温暖湿润，地势平坦，有灌溉条件之地。

种植

传统栽培可用分株、扦插和高位芽3种方法无性繁殖，可用组织培养技术进行种子(胚)繁殖，也可用茎尖或茎段无性繁殖。分株繁殖，于春季3月或秋季9月进行。组培繁殖，则是培养扩繁无性组织为种苗，也可将种子(胚)培养成种苗。

田间管理

适时调节种植地光照，对附生树进行修剪，或修补遮阳网。栽培基质要保持湿润又不能积水。冬季注意保温。

病虫害

主要病害有石斛软腐病、黑斑病、炭疽病等，主要害虫有石斛菲盾蚧、红蜘蛛、蜗牛等。

采收加工

11月至翌年3月采收。采收老熟(2年以上)茎枝，整枝或切段晒干或低温烘干，可边加热边扭成螺旋形或弹簧状，称为铁皮枫斗或耳环石斛。

附注

《中国药典》收载同属植物金钗石斛*Dendrobium nobile* Lindl.、鼓槌石斛*D. chrysotoxum* Lindl.或流苏石斛*D. fimbriatum* Hook.的栽培品及同属植物近似种的新鲜或干燥茎，作“石斛”药用。

药材：铁皮
Dendrobii Officinalis Caulis

铁皮石斛栽培基地

肉苁蓉 *Cistanche deserticola* Y.C.Ma

肉苁蓉

Roucongrong

拉丁文名：Cistanches Herba

概　述

列当科 (Orobanchaceae) 植物肉苁蓉 *Cistanche deserticola* Y. C. Ma 的干燥带鳞叶的肉质茎。味甘、咸，性温。具补肾阳，益精血，润肠通便之功效。

产地与生长习性

多年生寄生草本。主要分布于内蒙古、宁夏、甘肃、新疆等省区。野生于荒漠地区沙地，寄生于沙生植物的根部，主要寄主有梭梭*Haloxylon ammodendron* (C. A. Mey.) Bunge及白梭梭*H. persicum* Bunge ex Boiss。药材以栽培为主，主产于内蒙古、宁夏、新疆、甘肃等地。

栽培要点

选地

宜选阳光充足、降雨量少、有地下水支持或灌溉条件的沙质土地或轻度盐碱沙质土地。生长有健壮梭梭林的沙地最宜。

种植

采用种子繁殖，接种到梭梭根部。春季和秋季均可接种，多在3月下旬至4月中下旬。常采用开沟接种方法，也可用挖坑接种。每株梭梭播种5 ~ 10穴，浇透水，覆土与地平。

田间管理

适时适量给梭梭林施肥，注意培土防止树根被风吹露。没有地下水供给的林地要定期灌溉。采收时，在肉苁蓉基部留5–10厘米肉质茎，可萌发再生长，一般接种一次可生长5 ~ 7年。

病虫害

主要病害有梭梭白粉病、梭梭根腐病、梭梭锈病、肉苁蓉茎腐病等，主要有害动物有棕色鳃金龟、肉苁蓉蛀蝇、大沙鼠等。

采收加工

秋季或春季均可采收，通常4 ~ 5月未出土前采挖。对于茎尖颜色变深者，须切除变色部分或用开水烫死，防止晾晒中生长。整株或切段，置于非金属器具上晾晒，每天翻动2 ~ 3次，晒至全干。

药材：肉苁蓉
Cistanches Herba

肉苁蓉栽培基地

灯盏细辛 *Erigeron breviscapus* (Vant.) Hand.-Mazz.

灯盏细辛

Dengzhanxixin

拉丁文名：Erigerontis Herba

概　述

菊科(Asteraceae)植物短葶飞蓬*Erigeron breviscapus* (Vant.) Hand.-Mazz.的干燥全草。味辛、微苦，性温。具活血通络止痛，祛风散寒之功效。

产地与生长习性

多年生草本。分布于云南、四川、贵州、广西、西藏、湖南等省区。野生于海拔1200 ~ 3500米的中山和亚高山开阔山坡、草地或林缘。喜光，水分状况对其生长有较强的调节作用。主产于云南和四川等地。

栽培要点

选地

宜选向阳、地势平坦、排灌条件良好、土层深厚、疏松肥沃的砂壤土或壤土地。

种植

种子繁殖，常用育苗移栽种植。种子应先曝晒3 ~ 4小时，再用30 ~ 35℃温水浸，混细沙播种。春夏秋均可进行，但夏播、秋播出苗整齐。春播于2月下旬至3月上旬，夏播5 ~ 6月，秋播8 ~ 9月。苗高10厘米左右，可起苗移栽种植。春、夏、秋三季均可移栽。春季始于3月下旬，秋季移栽宜早不宜迟。按行距20厘米左右，株距10厘米左右，双株行栽或穴植。

田间管理

幼苗细弱，适当遮荫，及时灌溉保持土壤湿润，及时除草，4 ~ 5叶时疏间过密的弱苗。移栽种植，及时除草，适时追肥，雨季防涝。非种子田，除去过早花蕾控制生殖生长。

病虫害

主要病害有霜霉病、灯盏花锈病、根腐病等，主要害虫有蜗牛、菜青虫、黄蚂蚁、尺蛾、蚜虫等。

采收加工

80% 以上植株现蕾时为最佳采收期。从根茎结合部以上2 ~ 3厘米处割取，阴干或烘干，切忌水洗和曝晒。收获几次茎叶，根茎部出现木质化时采收全草，洗净根部泥土，干燥。

药材：灯盏细辛
Erigerontis Herba

灯盏细辛栽培基地

草珊瑚 *Sarcandra glabra* (Thunb.) Nakai

肿节风

Zhongjiefeng

拉丁文名：Sarcandrae Herba

概　述

金粟兰科 (Chloranthaceae) 植物草珊瑚 *Sarcandra glabra* (Thunb.) Nakai 的干燥全草。味苦、辛，性平。具清热凉血，活血消斑，祛风通络之功效。

产地与生长习性

多年生常绿亚灌木。分布于广东、广西、江西、浙江、福建、湖南、贵州、四川等省区。自然分布于海拔400 ~ 1500米的山坡、沟谷林下及阴湿处。喜温暖湿润阴凉环境，忌强光、高温和干旱。主产于江西、四川、浙江、广西等地。

栽培要点

选地

育苗宜选地势平缓，排灌方便，疏松肥沃，阴湿的微酸性砂质壤土地。种植宜选阴湿的山地缓坡疏林地。忌贫瘠、积水和土质黏重的土地。

种植

种子繁殖，常用育苗移栽种植；也可用扦插或分株等方法无性繁殖。播种育苗，于春季3月中旬播种。播种20天左右出苗，生长1年起苗移栽。扦插育苗，春季3 ~ 4月或秋季9 ~ 10月，从健壮植株上选1 ~ 2年生健壮枝条，剪成插穗，扦插。长出4 ~ 5对新叶且形成良好根系时可移栽。移栽种植，应于秋季停止生长后或春季萌发前种植。行距30 ~ 40厘米，株距20 ~ 30厘米，穴栽或开沟种植。

田间管理

出苗期及时揭去覆草，保持苗床湿润，若无疏林遮荫可搭荫棚，也可间作玉米等高秆作物遮荫。种植地及时除草，适时施肥，遇干旱灌溉，雨季注意排水。

病虫害

主要病害有褐斑病，主要害虫有蚜虫、红蜘蛛、硬壳虫等。

采收加工

一般秋季采收。距地面10厘米左右割下茎叶，晒干，除杂。夏季，也可将植株下部浓绿的老叶摘下，晒干。

药材：肿节风
Sarcandrae Herba

草珊瑚栽培基地

蕺菜 *Houttuynia cordata* Thunb.

鱼腥草

Yuxingcao

拉丁文名：Houttuyniae Herba

概 述

三白草科 (Saururaceae) 植物蕺菜 *Houttuynia cordata* Thunb. 的新鲜全草或干燥地上部分。味辛，性微寒。具清热解毒，消痈排脓，利尿通淋之功效。

产地与生长习性

多年生草本。分布于中国中部、东南至西南部各地，东起台湾，西南至云南、西藏，北达陕西、甘肃。生于沟谷、溪边或疏林下湿润之地。喜温暖阴湿环境，怕霜冻，不耐旱。药材以栽培为主，主产于长江以南各地。

栽培要点

选地

宜选择阳光充足、水源丰富、排灌方便、弱酸性的砂质壤土地。黏性及干旱土地不宜种植。轮作两年或以上，前茬作物最好为水稻。

种植

多采用根茎繁殖或扦插繁殖。根茎繁殖：春秋季节，挖取健壮新鲜根茎，剪成小段做种苗，每段需具有2个以上腋芽、带须根。扦插育苗：选粗壮无病虫害健壮茎枝，剪成具3 ~ 4节间小段做插穗；扦插至地面露1个节间，压实浇透水，搭棚遮荫。

田间管理

栽种后及时浇水，保持土壤湿润，喷灌或沟灌，忌漫灌。雨季防止积水烂根。及时中耕除草，适时追肥，尤其是钾肥。对生长过旺植株实施摘心，抑制侧枝生长。现蕾时及时摘除花蕾。

病虫害

主要病害有白绢病、根腐病、紫斑病、叶斑病等，主要害虫有蛴螬、黄蚂蚁等。

采收加工

种植

当年于9～10月采收一次，第二年可分别于6月和9～10月采收两次。用镰刀平地面割下茎叶，洗净晒干，除去杂质。

药材：鱼腥草
Houttuyniae Herba

鱼腥草栽培基地

穿心莲*Andrographis paniculata* (Burm. f.) Nees

穿心莲

Chuanxinlian

拉丁文名：Andrographis Herba

概　述

爵床科 (Acanthaceae) 植物穿心莲 *Andrographis paniculata* (Burm.f.) Nees 的干燥地上部分。味苦，性寒。具清热解毒，凉血，消肿之功效。

产地与生长习性

原产于南亚和东南亚等地区，为多年生草本。中国栽培露地不能越冬而为一年生草本。喜高温高湿，不耐寒不耐旱，短日照植物，不耐荫蔽。药材源于栽培，主产于广东、广西、福建、云南等地。

栽培要点

选地

宜选地势平坦，背风向阳，土层深厚，排灌条件良好，土质疏松肥沃的土地，忌与茄科作物轮作。

种植

多采用种子繁殖，直播种植或育苗移栽，也可扦插繁殖。9 ~ 10月果实呈褐色时分批采摘，待果荚全部开裂后筛去果皮，获取种子。播种前，磨破种皮蜡质层，温水浸种，保湿催芽。育苗移栽：江、浙及四川等地，可于3月中下旬至4月上旬，采用温床或温室育苗，播种后覆草保湿。苗高10厘米左右时起苗移栽。

田间管理

出苗期及时喷水保持湿润。出苗50% ~ 70%时，揭除覆盖物。直播者苗高10厘米左右间苗定苗。生长期，及时浇水，适时施肥，及时中耕锄草。苗高30 ~ 40厘米时，摘去顶芽，结合中耕，适当培土。雨季注意排水，防止烂根。

病虫害

主要病害有立枯病、黑茎病等，主要害虫有斜纹夜蛾、棉铃虫等。

采收加工

种植

当年采收，具体时间因种植时间和气候条件不同而异，一般于秋季现蕾或盛花期采收。从茎基2 ~ 3节处收割全部地上部分，晒干。

药材：穿心莲
Andrographis Herba

穿心莲栽培基地

荆芥 *Schizonepeta tenuifolia* Briq.

荆芥

Jingjie

拉丁文名：Schizonepetae Herba

概　述

唇形科(Lamiaceae)植物荆芥*Schizonepeta tenuifolia* Briq.的干燥地上部分。味辛，性微温。具解表散风，透疹，消疮之功效。

产地与生长习性

一年生草本。分布于中国东北、河北、河南、山西、陕西、甘肃、青海、四川、贵州等省。生于山坡、山谷、林缘及路边等处。适应性较强，喜温暖潮湿、阳光充足的生长环境。药材以栽培为主，主产于河北、河南、山东、江苏、浙江等地。

栽培要点

选地

宜选地势平坦、土层深厚肥沃、有排灌条件的平地或缓坡地。低洼积水、土质黏重或贫瘠的粗沙地不宜种植。忌连作。

种植

常采用种子繁殖，直播种植或育苗移栽种植。直播种植：种子成熟时剪下果穗，晒干脱粒。北方宜春播，南方春、秋两季均可播种。育苗移栽：春季育苗，北方地区可在3月中旬播种，宜早不宜迟。多用撒播，覆薄层细土，覆草保湿。5～6月移栽于大田。

田间管理

直播种植，及时间苗定苗。适时中耕除草，及时追肥。出苗及幼苗期，保持土壤湿润，不可大水漫灌。雨季及时排水。

病虫害

主要病害有白粉病、立枯病、黑斑病等，主要害虫有斑粉蝶、华北蝼蛄、银蚊夜蛾等。

采收加工

春播当年8～9月，秋播翌年5～6月收获。当果穗上部种子变褐色时采收。由基部割下全株，除去杂质，阴干即为荆芥；若摘取花穗晾干即为荆芥穗，收割其余地上部分晾干，即为荆芥梗。干燥不宜曝晒和火烤，阴雨天可用40℃以下低温烘干。

药材：荆芥
Schizonepetae Herba

荆芥栽培基地

绞股蓝 *Gynostemma pentaphyllum* (Thunb.) Makino

绞股蓝

Jiaogulan

拉丁文名：Gynostemmatis Pentaphylli Herba

概　述

葫芦科（Cucurbitaceae）植物绞股蓝 *Gynostemma pentaphyllum* (Thunb.) Makino的干燥全草。味苦、微甘，性凉。具清热，补虚，解毒之功效。

产地与生长习性

多年生攀援草本。长江以南大部分省区均有分布，生于林缘、疏林下、灌丛、溪旁和路边等处。适宜的生长环境为上层有遮蔽物，中层有攀援物，通风透光。药材以栽培为主，主产于陕西南部等地。

栽培要点

选地

宜选土层深厚、土质疏松肥沃、排水良好、灌溉方便、地势平缓的壤土或轻壤土地。土质黏重和低洼易积水土地不宜种植，忌连作。

种植

种子繁殖，育苗移栽或直播种植，也可用扦插或分切根茎等方法进行无性繁殖。育苗移栽：果实成熟后除去果皮，晾干脱粒。3月中下旬至4月初播种育苗，覆草等物保湿，苗高10厘米左右时移栽。扦插繁殖：选择健壮茎蔓，剪成具3 ~ 4节间的插穗，覆土压实，适当遮荫，新芽长至10 ~ 15厘米时移栽种植。

田间管理

定植后及时中耕除草，适时施肥，遇干旱及时浇水。苗高30 ~ 40厘米时搭支架，引领藤蔓绕在架上生长。绞股蓝是雌雄异株植物，雌雄株的比例10∶3 ~ 5较合理。

病虫害

主要病害有白绢病、白粉病、猝倒病、叶斑病等，主要害虫有三星黄萤叶甲、灰巴蜗牛、小地老虎、蛴螬等。

采收加工

种植

当年即可采收，第二年进入高产期。一般一年收割2次，第一次于6月上旬至7月上旬，割取地面30厘米以上茎叶，第二次在11月中下旬，割取地上全部茎叶。去除杂质，干燥。

药材：绞股蓝
Gynostemmatis Pentaphylli Herba

绞股蓝栽培基地

益母草 *Leonurus japonicus* Houtt.

益母草

Yimucao

拉丁文名：Leonuri Herba

概　述

唇形科(Lamiaceae)植物益母草*Leonurus japonicus* Houtt.的新鲜或干燥地上部分。味苦、辛，性微寒。具活血调经，利尿消肿，清热解毒之功效。

产地与生长习性

一年生或多年生草本。中国各省区均有分布，生于海拔3400米以下山坡、草地、田埂、溪边等处。喜温暖湿润，阳光充足的环境，适应多种土壤条件。

栽培要点

选地

宜选光照充足，土层深厚、疏松、肥沃，排水良好的壤质或砂质土地，低洼积水地不宜选择。

种植

种子繁殖，常采用直播种植。7月中下旬，待果实成熟后采收果穗，晒干脱粒，除杂储藏，播种前晒种1～2天。春夏秋三季均可播种，春播于3月初，夏播于6月底，秋播于9月初。平地多采用条播，坡地多采用穴播。

田间管理

苗期及时间苗，适时中耕除草，合理施肥。雨季注意排水。

病虫害

主要病害有根腐病、白粉病、锈病和菌核病等，主要害虫为蚜虫、地老虎等。

采收加工

春、夏播种当年收获，秋季播种翌年初夏收获。药用地上部分，当茎叶生长繁茂花朵绽放达三分之二时采收，割取地上部分，晒干或烘干，或切段干燥。药用种子，果实完全成熟后，采收果穗，晾晒脱粒，干燥即为茺蔚子。

附注

《中国药典》同时收载其干燥成熟果实，作为“茺蔚子”药用。

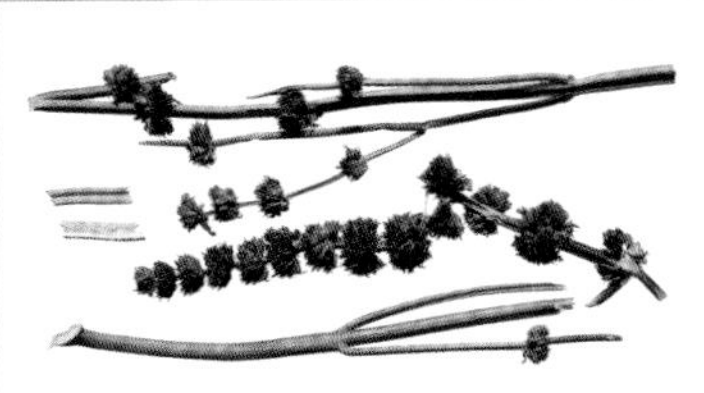

药材：益母草
Leonuri Herba

益母草栽培基地

草麻黄 *Ephedra sinica* Stapf

麻黄

Mahuang

拉丁文名：Ephedrae Herba

概　述

麻黄科(Ephedraceae)植物草麻黄 *Ephedra sinica* Stapf 的干燥草质茎。味辛、微苦，性温。具发汗散寒，宣肺平喘，利水消肿之功效。

产地与生长习性

多年生草本状亚灌木。主要分布于内蒙古、宁夏以及山西、陕西和河北北部等地。生于干旱的荒漠、草原及山地。主产于内蒙古、宁夏、山西、陕西等地。

栽培要点

选地

育苗宜选地势平缓，背风向阳，有灌溉条件，土质疏松肥沃的壤土或砂质壤土地。栽培宜选地势平缓，阳光充足，有灌溉条件的壤土或砂质壤土地。

种植

常采用种子繁殖，育苗移栽种植，也可分株繁殖。播种育苗：秋季种子成熟时采收果实，干燥脱粒储存。4月中旬到5月下旬播种育苗。温水浸种催芽，播种后浇水保湿。生长1年以上可移栽种植，春季土地解冻至萌芽前栽种，无灌溉条件时宜雨季降透雨后栽种。

田间管理

苗期生长缓慢，及时除草中耕，适时浇水，雨季注意排水。一般春季返青前施肥，也可结合灌溉或降雨时追肥。

病虫害

主要病害有根腐病、根线虫病等，主要害虫有蚜虫、盲椿象、蛴螬等。

采收加工

栽种2 ~ 3年后可采收。采收前先收获种子，9月上旬至10月上旬，割取地上绿色草质茎，去除杂质，晒干。一般可采连续采收20 ~ 30年。

附注

《中国药典》同时收载同属植物中麻黄*E. intermedia* Schrenk et C. A. Mey.、木贼麻黄*E. equisetina* Bge.的干燥草质茎，作“麻黄”药用。

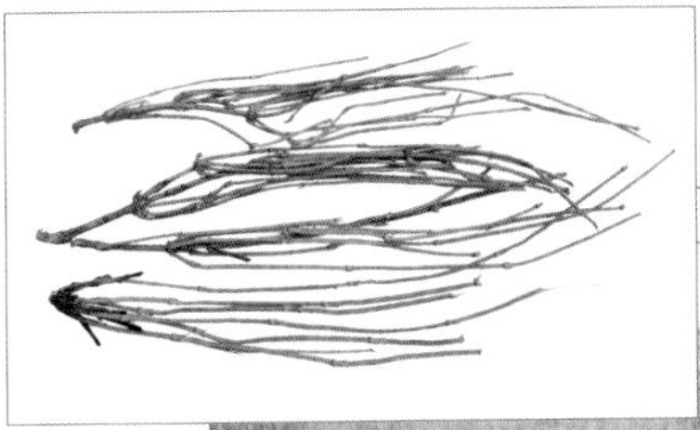

药材：草麻黄
Ephedrae Herba

草麻黄栽培基地

薄荷 *Mentha haplocalyx* Briq.

薄荷

Bohe

拉丁文名：Menthae Haplocalycis Herba

概　述

唇形科(Lamiaceae)植物薄荷 *Mentha haplocalyx* Briq. 的干燥地上部分。味辛，性凉。具疏散风热，清利头目，利咽，透疹，疏肝行气之功效。

产地与生长习性

多年生草本。中国多数省区均有分布。野生于水旁等潮湿之地。属长日照植物，喜光照充足的湿润环境。药材以栽培为主，主产于江苏、江西、浙江、四川、安徽、河北等地。

栽培要点

选地

种植宜选地势平坦，光照充足，土质疏松肥沃，灌溉方便的壤土或砂质壤土地。忌连作。

种植

生产上常采用根茎或分株无性繁殖。根茎繁殖：北方于春季，南方于春季或秋冬季种植。挖出根系，选色白粗壮根状茎，切成小段进行种植。分株繁殖：选择植株健壮的秧苗，长至15厘米左右时，挖起秧苗带根移栽。栽种后覆土压实，灌水保湿。

田间管理

栽种后及时中耕除草，适时施肥，干旱时灌水，雨后防止积水。在植株旺盛生长期（5月份）摘去顶芽，可促进侧枝茎叶生长有利增产。

病虫害

主要病害有锈病、白星病、黑胫病等，主要害虫有小地老虎、甜菜夜蛾等。

采收加工

种植

当年即可采收，一般每年可采收两次。第一次在6月下旬至7月上旬，当主茎10%～30%花蕾盛开时收割；第二次在9月中旬至10月中旬开花前，收割地上茎叶，摊开晾晒，晒至七至八成干时，扎成小把再晒至全干。

药材：薄荷
Menthae Haplocalycis Herba

薄荷栽培基地

赤芝 *Ganoderma lucidum* (Leyss. ex Fr.) Karst.

灵芝

Lingzhi

拉丁文名：Ganoderma

概　述

多孔菌科 (Polyporaceae) 真菌赤芝 *Ganoderma lucidum* (Leyss. ex Fr.) Karst. 的干燥子实体。味甘，性平。具补气安神，止咳平喘之功效。

产地与生长习性

腐生真菌，多生长在阔叶树木桩旁地上或朽木上。中国各地均有自然分布。药材以栽培为主，主产于华东、西南等地。

栽培要点

菌种培养

依培养阶段不同菌种可分为3级。采用孢子或组织分离培养并经鉴定具有稳定优良性状的纯菌丝体称为母种(一级种)。母种转接到培养基质上，培养的菌丝体和基质的混合体称为原种(二级种)。由原种转接到培养基上大量扩繁而成用于栽培接种的菌丝和基质混合体称为栽培种(三级种)。

栽培方法

早期使用椴木培养法，目前常用袋栽法。椴木培养法：主要包括选料与制料，打孔、装袋与灭菌，接种与菌丝培养，培土和出芝管理，采收与加工等多个环节。袋栽法：用木屑、麸皮、棉籽壳、玉米粉和石膏等物料配制成培养基，装入塑胶袋替代椴木培养灵芝，称为代料栽培。

田间管理

菌丝发育阶段、子实体分化形成阶段及出芝阶段培养条件不尽相同，温度及湿度均需控制在合适范围。

病虫害

主要病害有青霉菌、毛霉菌、根霉菌等杂菌感染为害。

采收加工

栽培当年收获。当菌盖边缘生长膜消失时，套袋收集孢子粉，从菌盖形成到孢子成熟约需20天。收集孢子粉后，切下子实体，除去杂物，阴干或烘干。

附注

《中国药典》同时收载同属紫芝*G. sinense* Zhao, Xu et Zhang的干燥子实体，作为“灵芝”药用。

药材：灵芝
Ganoderma

灵芝栽培基地

茯苓 *Poria cocos* (Schw.) Wolf

茯苓

Fuling

拉丁文名：Poria

概　述

多孔菌科（Polyporaceae）真菌茯苓 *Poria cocos* (Schw.) Wolf 的干燥菌核。味甘、淡，性平。具利水渗湿，健脾，宁心之功效。

产地与生长习性

寄生或腐生真菌。主要分布于云南、贵州、湖北、安徽、福建、广东、广西、四川等省。生于松树林下，隐生于地下腐朽松根或埋在地下的松树木段上。药材源于栽培，主产于湖北、安徽、湖南、云南、贵州等地。

栽培要点

选地

宜选排水良好，背风向阳，无白蚁滋生，土质疏松的微酸性砂质土缓坡地。忌连作。

种植

常采用菌种接种栽培。培育菌种：菌丝菌种最初由菌核或孢子分离培育获得，称为母种（一级种）；将母种接种到培养基上，培育成原种（二级种）；再用原种接种到培养基上扩繁获得栽培种（三级种）。春季或秋季下窖接种。

田间管理

接种对菌丝未进入椴木或菌种被污染者，立即补换菌种。随菌核的生长膨大，应及时覆土保护窖面。可覆盖薄膜提高地温，及时清除杂草，雨季防止雨水浸渍苓窖，旱季及时喷水保湿。

病虫害

主要病害有木霉、青霉、根霉等，主要害虫有白蚁、螨、茯苓虱等。

采收加工

一般在接种后8 ~ 10个月收获。挖开覆土取下茯苓，除去泥沙，堆置“发汗”后再晾至表面干燥，如此反复数次，阴干，称为“茯苓个”；或将鲜茯苓剥下茯苓皮，将肉切成小块或片，阴干，分别称为“茯苓块”和“茯苓片”。

附注

《中国药典》同时收载其干燥菌核外皮，作为“茯苓皮”药用。

药材：茯苓
Poria

茯苓栽培基地

库拉索芦荟 *Aloe barbadensis* Miller

芦荟

Luhui

拉丁文名：Aloe

概　述

百合科 (Liliaceae) 植物库拉索芦荟 *Aloe barbadensis* Miller 叶的汁液浓缩干燥物。味苦，性寒。具泻下通便，清肝泻火，杀虫疗疳之功效。

产地与生长习性

多年生草本。原产非洲北部地方；美洲西印度群岛的库拉索群岛和巴贝多岛有广泛栽培。中国海南、广东、广西、福建、台湾、云南、四川等地有引种栽培。

栽培要点

选地

宜选阳光充足、土质疏松肥沃、排水良好的砂壤土或海滨沙土地。土质黏重、低洼易积水的土地不宜。

种植

常采用分株繁殖或扦插繁殖。分株种植：春、秋季均可栽种。2年以上芦荟可形成大量分蘖，待萌蘖苗长至4 ~ 5片小叶和3 ~ 5条小根时即可分株栽植。将萌蘖苗从母株上剥离出来，在通风处干燥数日，待伤口愈合后栽植。扦插育苗：从母株的叶腋处切取长10厘米左右的幼芽，放阴凉通风处，使切口略干燥收缩。扦插在荫棚内育苗床上，2 ~ 3个月可移栽种植。也可切取部分叶片扦插育苗。

田间管理

及时中耕除草，适时追肥、培土。雨季注意排水。秋季把叶子绑成一束或多束，防霜防寒。当花苔抽出时及时摘除。

病虫害

主要病害有炭疽病，主要害虫有红蜘蛛、蚜虫、棉铃虫、介壳虫等。

采收加工

种植

2 ~ 3年开始收获，全年可采收。叶片生长旺盛期，分批剪下中下部叶片，将其切口向下垂直放于容器中，取其流出的叶液干燥即成芦荟。也可将叶片洗净，横切成片，加入与之等同量的水，煎煮，过滤，浓缩，烘干或晒干。

药材：芦荟
Aloe

芦荟栽培基地

中药拉丁名索引

A

B

C

R

S

T

中药汉语拼音索引

主要参考文献

[1] 中国植物志编写委员会. 中国植物志. 北京：科学出版社，2004

[2] 国家药典委员会. 中华人民共和国药典(2015版). 北京：中国医药科技出版社，2015

[3] 中国药材公司. 中国常用中药材. 北京：科学出版社，1995

[4] 徐国钧，何宏贤，徐珞珊，等. 中国药材学. 北京：中国医药科技出版社，1996

[5] 赵中振，陈虎彪. 中药材鉴定图典. 福州：福建科学技术出版社，2010

[6] 谈献和，姚振生. 药用植物学. 上海：上海科学技术出版社，2009

[7] 赵中振，肖培根. 当代药用植物典. 上海：世界图书出版公司，2008(简体中文版)，2010(英文版)

[8] 郭巧生. 药用植物栽培学. 北京：高等教育出版社，2004

[9] 黄泰康，丁志遵，赵守训，等. 现代本草纲目. 北京：中国医药科技出版社，2001

[10] 沈连生. 神农本草经中药彩色图谱. 北京：中国中医药出版社，1996

[11] 陈重明，黄胜白. 本草学. 南京：东南大学出版社，2005

[12] 孔令武，孙海峰. 现代实用中药栽培养殖技术. 北京：人民卫生出版社，2000

[13] 么厉，程惠珍，杨智. 中药材规范化种植(养殖)技术指南. 北京：中国农业出版社，2006